延参法师
品味人生
系列丛书

延参法师 著

且看人间梅花开

山东人民出版社
国家一级出版社 全国百佳图书出版单位

图书在版编目（CIP）数据

且看人间梅花开/延参法师著．-- 济南：山东人民出版社，2017.6
（延参法师品味人生系列丛书）
ISBN 978-7-209-10824-9

Ⅰ．①且… Ⅱ．①延… Ⅲ．①人生哲学－通俗读物 Ⅳ．①B821-49

中国版本图书馆CIP数据核字(2017)第133955号

且看人间梅花开
延参法师　著

主管部门　山东出版传媒股份有限公司
出版发行　山东人民出版社
社　　址　济南市胜利大街39号
邮　　编　250001
电　　话　总编室（0531）82098914
　　　　　市场部（0531）82098027
网　　址　http://www.sd-book.com.cn
印　　装　青岛国彩印刷有限公司
经　　销　新华书店

规　　格　32开（145mm×210mm）
印　　张　9.5
字　　数　170千字
版　　次　2017年6月第1版
印　　次　2017年6月第1次
印　　数　1-10000
ISBN 978-7-209-10824-9
定　　价　35.00元

序

细数花开花落，静看春去春回

年年岁岁春渐远，岁岁年年春又回。风依然寒气未退，阳光却渐渐明媚，温暖的阳光里，我们嗅到了春的气息。光秃的树干不久就会冒出新芽，在春雨的滋润下，嫩绿会渐渐变成深绿，然后发黄、枯萎、飘落，这是季节的轮回、生命的轮回。

春天是充满希望的季节。当秋叶落尽时，大地渐渐进入沉睡，任天地间寒风如何凛冽，冰雪如何肆虐，大地仍岿然不动地从容安睡，河水也停止了流动，花草树木在风雪中静默无语。但是，凛冽北风的背后正酝酿着雪落梅开，漫天的飞雪中已孕育了春暖花开。希望在泥土中埋藏，在枝头上瞭望，在新芽里生长。当南风带着暖意拂过大地，所有的生命都会开始萌动：大地在舒展，河冰在融化，树枝在抽芽，鸟儿在啁啾，花儿在蕴蕾。馨香的风中带来了流动的诗韵，带来了蔓延的新绿，带来了萌动的生机。

人生的道路总是曲折不平，没有谁是踏着一路鲜花、一路阳光走来的，遭遇磨难时请不要气馁灰心，艰辛困苦时请不要放弃努力，请相信，人生有寒冷的严冬，也一定会有温暖的阳春。即使生活落入谷底，我们也不能失去希望，即使风雨凄凄，也一定要勇敢坚持，请相信，只要耐得住冰冻三尺，就一定会迎来杏花如雨、梨花如云的盎然春季。

春天是多姿多彩的：太阳是红灿灿的，天空是湛蓝的，枝头是嫩绿的，迎春花是娇黄的，玉兰是雪白的，木棉是粉红的，丁香是淡紫的……春天是柔和的：春雨在竹叶上跳动着，随风飘洒的细雨如烟、如雾、如纱、如丝，飞溅的水花仿佛是琴弦上跳动的音符，奏出了春的旋律。春天是和煦的：春风吹绿了一望无际的麦田；吹皱了静静流淌的河水；吹得百鸟都放开了歌喉，尽情鸣啭；吹得百花都睁开了眼，在春风里摇曳。

在这样美丽的季节，请放下心灵的羁绊，放下所有的不愉快，放下生活的劳碌奔波，别让烦恼遮蔽了双眼，别让郁闷锁住了心房，别把这美丽的季节错过，别把这美丽的世界忽略，学会欣赏生活，学会享受生活，去郊外踏青，去桃林赏春，敞开胸怀去拥抱春风柔柔的温婉和繁花朵朵的绚烂。只有美丽的心情才能感受这美丽的风景，只有美丽的心灵才能拥有这美丽的世界。

春天是万物生发的季节。仰望星空，我们感喟天地是如此浩渺无垠，而自己则如沧海一粟；俯瞰流水，我们知晓岁月长河亦是滚滚向前，百年岁月不过是蜉蝣一瞬。时光在静静地向前流淌，许多事情要学会遗忘，让生命里律动着的或甜或涩的情怀，随着那一片轻盈的落叶，悄悄沉入时光的河床。

无论是昨日的辉煌，还是十字路口的迷惘；无论是一帆风顺、青云直上，还是屡次受挫、几近绝望，我们都要学会遗忘，在这个开始的季节里开始新的生活。在曾经的成功里汲取经验，再接再厉，走向更高、更好的远方；在曾经的失败里接受教训，从哪里跌倒，就从哪里爬起来，带着现实的态度，以更稳健的步伐走下去，去实现自己的梦想。

细数花开花落，静看春去春回。“回首向来萧瑟处，归去，也无风雨也无晴。”回首往事，风雨已成过去，当我们细细地嚼一嚼生活的酸涩，才发现这是人生真正的味道。莫问是晴是雨、是得是失，春天已经如约而来。别管前路有多漫长，带上梦想起航，不怕风雨中的迷茫，不怕颠簸时的彷徨，迎着春的曙光，坚定从容地走向远方，用最坦荡的胸怀容纳最坏的运气，用最美丽的笑容装点每一天的时光。在这个春光融融的美好季节里，让我们掸去悠悠往事里岁月的尘埃，在心里种下一棵无忧树，让它绽放欢喜花，结出开心果，用一份美好的心态去收获喜悦，收获成功，收获精彩，收获美丽！谨以为序。

目录

第一章　身与心的修行

第二章 放下与提起

第三章　禅机中的智慧

167 / 经历风雨见彩虹

真正成就人的是那些逆境，战胜不幸，才能最终成为生命的强者。

169 / 休争闲气

对错得失本无绝对，豁达对待，体现的不是懦弱，而是一种真正的强大。

171 / 双手写人生

人生就应当像奔涌的海水，因为遭遇岛屿和暗礁，才更能绽放出美丽的浪花，带给人们视觉的冲击和心灵的震撼。

173 / 乐观与悲观

悲观与乐观，不过是一颗心的两面，因为身后有光明，所以你才注意到影子的黑暗，但当你懂得回头时，就会发现光明和美丽，从悲观到乐观，不过是一个转身的距离。

175 / 走过寂寂的夕阳

存在是偶然的，离开也不是永恒，我们没必要为流动的人和岁月而感伤。如果有缘，那么请相互珍惜，如果无缘，那么请相互祝福。

177 / 轻轻问命运

不管遇到什么磨难坎坷，我们都要坚强，坚强是让我们的生命得以更好延续的保障。

179 / 问问心情

不要让心停留在吝啬的角落里，心灵接纳的世界远比我们想象的要广阔；不要让心停靠在凄凉的角落里，心灵寂静的港湾不仅需要得到，更需要付出。

第四章 云在青天水在瓶

第一章

身与心的修行

快乐在一线之间

生活里没有旁观者，每个人都有一个属于自己的位置，每个人也都能找到属于自己的精彩。

人生如水，水有逆流也有顺流，所以人生有欢乐也有痛苦。我们很容易沉浸在现有的快乐中，久久陶醉而不能自拔。当这快乐突然消失，我们会茫然不知所措，为失去的快乐陷入苦闷的深渊，却没有发现生活中还有许多其他的快乐在等着我们，生命中的快乐其实掌握在我们自己的手里。

有一种快乐在“放下”中。拿得起、放不下的人，会烦恼重重。学会放下，放下压力，放下往事，放下消极，放下抱怨，放下狭隘，放下世间的劳苦愁烦、恩恩怨怨，放下一切不愉快。学会平静地接受现实，学会对自己说声顺其自然，学会坦然地面对厄运，学会积极地看待人生，学会凡事都往好处想。这样，阳光就会照进心里，驱走恐惧，驱走黑暗，驱走所有的阴霾。

有一种快乐在宽容中。缺乏宽容之心的人，处处用自己的标准衡量别人，满眼都是看不惯，到处都是不顺心，脸上总是没有一丝笑容，说话的语气总是淡漠，缺少友善之意，结果朋友越来越少，烦恼越来越多。具有宽容之心的人，懂得换位思考，他们总是站在别人的层面上看问题、想事情，时时处处替别人着想，对象不同，要求的标准也不同，这样的人用自己的宽容得到别人的真诚，相互理解，相互尊重，友谊长存，心情舒畅，其乐融融。心宽，天地就宽，装得下他人，心中也就装下了无尽的快乐。

有一种快乐在付出中。假如一味索取，一味追求拥有，那么到最后即使什么都得到了，唯独会丢失快乐。有一首歌曲唱道："只要人人都献出一点爱，世界将变成美好的人间。"富有爱心的人是最容易感受快乐的。当别人心情郁闷的时候，你能给他一丝安慰；当别人身处危难的时候，你能伸出一双援助之手，你的举手之劳会点亮别人的生活，带给别人希望，这多么美好！关爱弱势群体，救助失学儿童，照顾孤寡老人，帮助困难群众，孝敬父母双亲。也许，我们真的可以做些什么。在触手可及的细节里，在不曾在意的生活中，带给别人想要的温暖，而我们也因为付出了爱心而得到了发自内心的快乐。

有一种快乐在自然中。人的心如同一个杯子，杯里的水就是人的心事，水太多了，就会溢出。所以，我们要倒掉一些才行。心情也是一样，负荷太重了，就需要放松一下，与其闷在房间里，与烦恼纠缠，不如走进自然，放飞心情，让微笑重新回到脸上。当心情忧伤时，不妨走出房间，抬头看看，天空还是那样的蓝，白云像轻纱一样飘浮，阳光还是那样的明媚，透过繁密的枝叶洒落一地斑驳的树影。无论哪个季节，总会有花儿欣然绽放，也许是欢快的迎春花，也许是娇艳的玫瑰，也许是一串串的槐花……人生不会总处于低潮，正如天空不会永远飘落雨滴。快乐是最重要的，当自己不开心的时候，不妨去拥抱自然，让充满好奇的眼睛在寻常的天地间读出大美，让心在与万物的美好交流中感到无比的欣喜与满足。不知不觉间，在自然的怀抱里，烦恼消失得无影无踪，快乐却装了满怀。

有一种快乐在坦然中。人生中有许多的成败与得失并不是我们所能预料到的，很多事情也并不是我们所能够承担得起的，但是，只要我们努力去做，求得一份付出后的坦然，其实得到的也是一种快乐！假如生活给我们的只是一次又一次的挫折，一次又一次的失败，这也没什么，因为无论如何，命运并没有夺走我们活得快乐和自由的权利。不幸有各种理由，而快乐不需要任何理由。没有蓝天的宽广，我们可以有白云的飘逸；没有大海的壮阔，我们可以有小溪的悠然；没有森林的繁茂，我们可以有小草的青翠。生活里没有旁观者，每个人都有一个属于自己的位置，每个人也都能找到属于自己的精彩。坦然，会让我们的生活美丽而快乐！

有一种快乐在分享中。我们不但要自己快乐，还要把自己的快乐分享给朋友、家人，甚至素不相识的陌生人。因为分享快乐本身就是一种快乐，一种更高境界的快乐。

还有许多的快乐在坚强中、在珍惜中、在知足中、在追求中……也许，我们不能拒绝现实生活中那些突发事件发生，但是我们可以选择一份达观、包容、宽广的人生态度来决定自己的命运，实现自己的生命价值。其实，快乐和烦恼就在一线之间。

你的精彩别人无法代替

在这个世界上，有多少人，就有多少条生活的道路。

在这个世界上，没有完全相同的两片树叶，没有完全相同的两个人，每个人在世间都是独一无二的。

在这个世界上，有多少人，就有多少条生活的道路。每个人都有自己的人生道路，每个人都有自己的生活方式，每个人都有自己的生存理由，所以我们无须对世间的一些人或现象想不通、看不惯，甚至鄙夷、不屑。把视野放开阔，把心胸放宽广，对世界上存在的种种现象，对他人不同的种种观念，学会更换角度，学会转变立场，用善意的心灵和世界对话，用宽容和真诚对待身边所有的朋友，我们就会渐渐理解他人的过失，包容他们的错误，会渐渐地认同他人，认同社会，认同世界。我们会因此少了许多的不满，少了许多怨恨，少了许多误解，我们会发现眼里的是非少了，心中的恩怨淡了，脸上的微笑多了，周围的朋友多了。

当我们的内心趋于平和、安详的时候，我们会惊讶地发现，眼前的世界已悄悄发生了变化：阳光是如此明媚地照耀着我们，清风是如此柔情地轻抚我们，莺啼和虫鸣是那么婉转悦耳，泥土和花香是那么清新怡人。新月当空，清辉朗朗，雪落梅开，幽香四溢，世界其实一直是如此的美丽！

人生无处不青山

正视现实，接受失败，经历挫折，领略四季，感受风雨，这才是完整的人生之路。

花依然红着，柳也依然绿着，微风拂面，我却感到有些微微的寒意。秋天就这么不加修饰地来了，来得那样张扬。一场夜雨过后，天空澄清如碧，远山苍翠欲滴。

秋天是收获的季节，天高云淡，菊花正黄，处处洋溢着秋思的浪漫，飒飒秋风涤尽我们胸中的积郁，让人神清气爽。这样的时节，天，澄清如碧；风，和煦多情；云，缥缈舒卷。无声的流水、葳蕤的草木、雀跃的小鸟，烘托着丰收的希望，无一不让人觉得闲适而恬淡。

秋风乍起，落叶归根；静水东流，孤夜月明。在很多人眼里，秋天给人一种悲凉、寂寥的感觉。很多人在这样的季节里会“悲秋”，在这样的季度里感叹生命的无常。

“自古逢秋悲寂寥，我言秋日胜春朝。”在不同人的眼里，秋天也呈现出不同的景象。如果你悲伤，那么它便是一个蜷缩角落、让人悲悼的秋；如果你伤感，满地落叶，急煞的秋风铺天卷地，疾风飒然，到处酝酿着离别的气氛，满城尽是离人泪，那么秋，将是一个离别之秋；如果你赞美秋的果实，赞叹秋的收获，那么它就是喜悦的季节，稻田一望无垠，风过浪涌，遍地金黄，锦绣前程，收获皆满。人的一生就像一朵彩云，一缕清风，在不经意间就伴我们走过了人生的四季。我们需要春天的和风、夏天的细雨，更需要秋天的收获，这是人生最灿烂的季节，也是我们一生价值所在。不经历秋天，我们就不会拥有走向成熟的思想；不经历秋天，我们就不会撷取饱满的成功；不经历秋天，我们就品尝不到收获的欢欣与甘美。坦然面对一切，正视现实，接受失败，经历挫折，领略四季，感受风雨，这才是完整的人生之路。

岁月的风尘夹杂着寒霜，也会使希望凋零。就像深秋即将来临，寒风横扫落叶，繁花瞬间落寞。但落红化作春泥更护花，萧瑟的深秋又何尝不蕴含着生机无限？用辩证的眼光看，秋也是新一轮生命的起点。倘若以积极乐观的心态去对待消极的人生，和煦的风，绵延的雨，在我们的眼中便是万般风情，我们的人生一年四季都会因此绚烂而美丽！

秋天是收获的季节，收获喜悦，收获希望，收获人生旅程中每个时节的经历，这也是我们一生的财富。采集一片枫叶轻轻夹在书中，时光永远留在我们记忆的深处。又是仲秋。芬芳的花香充满这世界，好像是一个最美的预言，这个世界又会迎来一个充满希望的轮回。

抬头看杨柳

生命不是没有春天，而是需要你学杨柳一样用心去装点；生活并不缺少美，只是你没有用心去发现。

杨柳之美，在于它用默默的绿，装点着整个春天，在于它用优美的舞姿，向世人展现着一种轻松和自由，随风而动，随缘而行，不因风雨的洗刷而哀愁，不因寒风的凛冽而失去自己的优雅，而生命之美，恰恰在于如何去欣赏这种美丽。

遇到生命中的失意时，请你抬头看一看杨柳。它从不因为有人轻视它就自暴自弃，放弃自己的生长；不因为有人赞赏它，就洋洋自得，将自己的美丽定格；它总是不问宠辱，紧跟着时光的脚步，默默谱写自己的故事。所以朋友，失意的时候，不妨学学杨柳，不问宠辱，只管默默奉献，随雨而长，随风而飞，杨柳青青江水平，闻郎江上踏歌声，不经意间，杨柳已经成为春天的一道亮丽风景。

遇到生活中的不公时，请你抬头看一看杨柳。迎春花比它更早绽放，牡丹比它更加耀眼夺目，翠竹比它更容易被人赞赏，松柏比它更容易成为栋梁。但是杨柳从来不问生命中的得失，它只管静静守在江畔。微风阵阵，波光粼粼，柳枝恣意伸展，这何尝不是一种美丽。你看，柳下春前须尽醉，人生几见柳条新，总会有人欣赏到你的美丽。

当你还沉浸在过去的时光时，请你抬头看一看杨柳。一段春光，多么短暂，但是就在这么短暂的时间里，杨柳依然一天一天地活出了生命之美。杨柳不因留恋初绿的美丽而停止生长，不因春风到来而不舍柳絮。相反，它在春暖时应时发芽，雨来时应时而绿，风来时随缘飘散。它总是把握住当下的时光，做当下应该做的事情，编写当下最美丽的故事。你看啊，解把飞花蒙日月，不知天地有清霜，这也是一种生命的飞扬。

所以，朋友，生命不是没有春天，而是需要你学杨柳一样用心去装点，生活并不缺少美，只是你没有用心去发现。

音乐与生活

百年人生，本身就是需要我们用一生去谱写的一曲乐章，正是因为它的跌宕起伏才显出生命的纵横开阔、雄伟壮丽。

天地悠悠，过客匆匆，面对忙碌的生活，疲惫的工作，红尘中的我们生活是如此的艰辛不易，但是，无论生活是多么辛苦，无论脚步是多么匆匆，一定要学会留给自己一点空闲时间，该休息的时候休息片刻，哪怕只是听听音乐。

生活本身就像音乐，有斗志昂扬的《黄河大合唱》，有清新悠扬的《高山流水》，有百转千回的《命运交响曲》，有令人心旷神怡的《春江花月夜》。无论是哪种音乐都代表了一种人生，喜欢什么样的音乐，就代表拥有什么样的人生态度。

音乐不仅是生活的调味剂，不同的音乐所带来的意境不同，高品质的音乐能牵引出人性本质里的善良。音乐有时就像一眼清泉，缓缓流淌的韵律能洗涤我们的心灵，过滤内心的烦躁，抚慰我们的忧伤。如果我们去享受那种真正的“忽闻水上琵琶声，主人忘归客不发”的音乐魅力，在悠悠的乐曲声中升华自己的灵魂，陶冶自己的情操，培养自己的心性，更好地体味生活，享受生活，就能在音乐中放松自己，在音乐中净化心灵，在音乐中回归自我。

百年人生，本身就是需要我们用一生去谱写的一曲乐章，有高低起伏的旋律，有缓急疏密的节奏，时而悠扬流畅，时而紧张激烈，正是因为它的跌宕起伏才显出生命的纵横开阔、雄伟壮丽。也许平凡的我们生活平淡如水，但是我们也可以把它谱成一曲优美的《月光曲》，柔和温馨，舒缓悠扬。

画不圆的人生

自然界中所有圆，都是以无我为圆心，以利他为半径，这半径的长度尽善尽美。人生并非画不圆，只是我们找错了圆心，更用错了半径。

人世间总有无穷无尽的苦恼恩怨，常常觉得自己的人生有无限的缺憾，到人生的终点时还有数不清的梦没有圆，之所以会这样，其实很简单，根源在于我们都以自我为圆心，以自己的欲望为半径，终其一生都在为自己画圆。我们都知道人的欲望是无止境的，那么这个半径就成了一条射线，因此别说画不圆了，这个圆都无从画起。那么，人世间是不是就不存在圆了呢？

我们看到，天上的太阳何其圆，十五的月亮何其圆？四季更迭是在画圆，日出日落是在画圆，地球每天自转是在画圆，太阳每年也在画圆。自然界也处处是圆，瓜熟蒂落是在说着圆，花谢花开是在说着圆，潮起潮落是在说着圆……其实，这些都是相对的圆，生活里很难找到真正的圆，一味追求圆满也只是徒增烦恼，但我们可以实现内心的圆满。

自然界中所有圆，都是以无我为圆心，以利他为半径，这半径的长度尽善尽美。人生并非画不圆，只是我们找错了圆心，更用错了半径。不信，你掉过来画试试，其实真正的圆，哪里用画，不画自然圆。

结出圆满果实的树叫无私树，奉献的人生永远都充满快乐，圆圆满满。

改变悲伤

不要让悲伤成为我们生命的主旋律，快乐才是生命的真谛。

人生总在磕磕碰碰的旅程里艰难前行，在风风雨雨的巷口里迷茫徘徊，在聚聚散散的遗憾中来回穿梭。如果失败之后还能呼吸，那就不要心灰意冷，再艰难我们也要振作；如果沧桑之后信心仍在，那就努力寻找当初的起点，因为有些梦想还躺在来时的路上。不要让悲伤成为生命的主旋律，快乐才是生命的真谛。

同样走进大观园，刘姥姥开心，林妹妹伤心；同样的岁月，李后主低吟：问君能有几多愁，恰似一江春水向东流。苏东坡豪唱：大江东去，浪淘尽，千古风流人物。湛蓝夜空，一轮明月，有人举杯邀约，对影浅酌，有人潸然泪下，思乡情浓，总是故乡月最明。其实景色无异，异的是心情。不要让失落主宰了我们的命运，给自己一份好心情，世界就会对我们微笑，给别人一份好心情，生活就会对我们微笑。

岁月催人老，风定落花香。蓦然回首，岁月已然在手心流逝，我们心中充盈了太多的心酸坎坷，记忆的轮回留下了太多难忘的故事。人生也许会失落，也许会感伤，但人生无须充满悲哀的情调，当我们把自己想象成一块方糖，放在咖啡里，咖啡就不苦了，放到茶里，茶也不涩了。我们可以用甜蜜冲淡苦涩，用微笑淡化痛苦，只要自己心中充满甜蜜，融在世界中，那么整个世界就会充满幸福。

站在夏日的门槛上，所有的杂虑尽皆沉淀，生命在感悟中悄悄地融合，殷然渗入季节百结缠绵的情怀。看一袭花海，拈一瓣花蕊，人生的花海会绽放出淡淡的芬芳。

记录生活的微笑

逝去的事就像一阵风，未来还是充满希望的，学会保持当下的快乐与幸福最重要。

生活就像一面镜子，你整天对它愁眉，它自然还你一个苦脸；你对它一脸怒气，必定生成一个怨相；但如果你乐观和善，它就当然还你一个慈眉善目。表情是瞬间的相貌，相貌是凝固的表情。所以，从今天开始，让生活的记录都变成爽朗的笑声吧，哪怕你遇见的都是烦心事。

所谓烦心事，不过是生活跟我们开的一些小玩笑，所以，做事不必太执着，该放下的放下，放下那些不切实际的期待，放下那些没有结果的执着。凡事看开一些，看淡一些，看透一些，生活就没有那么多的烦心事了。

学会保持当下的快乐与幸福最重要，当你看明白了，就会发现潮起潮落潮漫天，缘聚缘散缘如水。哪怕生活中遭遇坎坷也无须遗憾、后悔，逝去的事就像一阵风，未来还是充满希望的，我们也不需要懊恼、哀叹。愁白的头发难再黑，重拾信心后，我们还是会拥有整个世界。想要拥有当下的快乐，只需携一缕清风，续一杯清茶，邀一轮明月，在无声的岁月里，慢慢前行。

人生几回度春风

没有谁会因为自己停留的短暂而拒绝幸福和快乐。不必在乎成与败，要开心地微笑，让自己活得精彩。

人生是一条弯曲的路，一头连着朝阳，一头连着夕照，这就要看我们留下怎样的脚印。上天把最珍贵的东西很公平地给了我们每一个人，那就是——每个人都拥有的生命。可是，不是每一个人都能认识到它的珍贵，不是每一个人都能读懂生命，许多人一直都忽略了自己最珍贵的生命，而把毕生的时间用于追求那些虚幻的功名利禄上，纠缠在那些无谓的恩怨情仇之中。

生命是如此宝贵，如果你热爱生命，你怎会让自己的生命里丢失了微笑？如果你珍惜生命，你怎会在日复一日的生活中遗忘了快乐？如果你善待生命，你怎会舍得把生命消耗在那些无聊的烦恼中？如果你敬畏生命，你怎会舍得让自己在埋怨、嗔恨、无知中蹉跎一生？

尘世匆匆，看看镜里，转眼白了头。在新的春天里，用一颗冰冷的心迎接春天，那是对春天的一种亵渎；用一种狭隘的心去迎接春天，那是一种罪恶。花开花谢，春去春回，没有谁会因为自己停留的短暂而拒绝幸福和快乐。我们不必在乎成与败，要开心地微笑，让自己活得精彩。

幸福在哪里

外在的物质财富决定不了幸福的取向，幸福在于我们内心的感受，只要我们自己认为快乐，这就是最大的幸福。

走过人生的旅途，看看这大千世界，我们不难发现，“忙碌”几乎成了绝大多数人生活的主题，年复一年、日复一日地循环着。其间夹杂着些许快乐，更多的却是孤独、寂寞和忧愁。我们总是在不经意间，单纯地想到要寻找幸福，却往往忽略了去追问幸福本身的含义和怎样才能拥有幸福，似乎幸福只不过是生活条件达到一定程度就会自动拥有的一种境界。经历了许多，我们才发现幸福其实只是一种思维，是一种需要人们学会和掌握的思维。

生活中，忙碌的人们也许会认为幸福就像是一种资格，一个证件，以为通过自己的努力，过了某个坎，或者通过某个考试，幸福就会自动降临到自己身上，就会自动找上门来。其实不然，幸福作为一种思维，是一种知足的心理状态。腰缠万贯的人不一定幸福，身无分文的人不见得都不快乐，因而，生活中不同的人会有不同的幸福。

虽说人生来是平等的，但差距却是生来就存在的。我们无法选择自己是否富有，就如无法选择自己的父母，但是，我们都一样可以拥有幸福的思维，寻找自己的幸福。

对于幸福，不同的人在不同的处境中会有不同的看法和感受。对于饥寒交迫的人来说，只要有一顿饱饭就是最大的幸福；对于疲惫不堪的人来说，只要能美美地睡上一会儿，就是幸福；对于孤苦伶仃的人来说，身边能有个亲人相伴就是幸福；对于心灵孤独的人来说，只要能找个愿意倾听他心声的人就是幸福；对于身陷迷途的人来说，只要能遇到个帮忙指路的热心人就是幸福。

在现实生活中存在太多这样的偶然，不同的人都会抱着不同的心态来获取幸福。会生活的人就会处处寻找幸福，不会生活的人，总认为处处都是坑坑洼洼，幸福总是遥不可及。其实，只要我们用心去寻找幸福，幸福就会在不远处向我们招手。

对于住在城市的人来说，好多人认为幸福的标准就是有个美满的家庭，有份好工作，家用电器一应俱全，老少安康。但不是每个城里的家庭都能达到这样的标准。因此，我们要调整好心态，降低标准去寻找自己的幸福。外在的物质财富决定不了幸福的取向，幸福在于我们内心的感受，只要我们自己认为快乐，这就是最大的幸福。

对于农村人来说，虽然粗茶淡饭，但一家老少围着一个小圆桌，吃着自己种的粮食和蔬菜，也是其乐融融的。尤其是脱离了城里的喧哗，置身于乡下青山绿水间，是多么惬意的享受！最美的还是夜晚，在满耳的蛙鸣声中入眠，那是城里人享受不到的幸福。清晨睁开眼，满目都是青的山、绿的水，一派明丽的春光，多美啊！这份安逸和宁静，又何尝不是幸福呢？

幸福就是寻常的日子依旧。所谓幸福，都是由千万个寻常日子组成的。能买上自己称心如意的商品，能吃上自己想吃的蔬菜和水果，能享受到自己能力之内的生活，无病无灾，快快乐乐地过好自己的每一天，我认为，这就是最大的幸福。

幸福就是寻常的人儿依旧。年少的时候和同龄的伙伴嬉闹，年轻的时候与同事们谈天说地，年老的时候和朋友们一起回忆往事，这都是幸福。

幸福其实只是一种感觉。是在黑夜突然见到一缕亮光的惊喜，是历经风雨漂泊后终于抵达港湾的轻松和安逸，是苦涩之后的甜蜜，泪水之后的笑颜，是粗茶淡饭中过滤出来的温馨。朋友们，只要你以一颗平常心看待幸福，幸福就在你眼前，幸福就在我们每个人的内心里。

雾锁人间重重楼

不要把人生想得太难，走过生命的逆旅，经历风寒阴霾的苦砺，才会在阳光明媚的日子破茧。

人世间总有它的本来面目，有令人心怡的高山流水，有繁花似锦的现代都市，有恬淡悠闲的乡村小镇，有绵绵不断的真情，有亘古流传的文化。但这美好的人间却被人们唤作江湖，一层又一层的名利地位、恩怨是非、爱恨情仇、忧愁烦恼迷离了人们的双眼，一层层的迷雾让人心变得流离失所，找不到归处。

世界原本如此，没有谁能给世间增添悲哀，没有谁能让人间蒙上灰色，只是我们的心蒙上了一层晦暗，才感觉到世界很复杂，让我们理不清、看不透，也只有当我们的心蒙尘的时候，世间才充满了欺诈、险恶与卑鄙。

人世沧桑，不要让我们的心蒙尘，不要让彷徨阻止前进的脚步，不要让忧伤将自己捆绑，不要让有限的时间只用来闲愁，不要让岁月轻易在指尖流淌，有限的生命不允许我们挥霍那份属于人生的苦辣酸甜。不必把人生想得太难，走过生命的逆旅，经历风寒阴霾的苦砺，才会在阳光明媚的日子破茧。

繁华落尽是平淡，喧嚣之后，依旧安详。生活只有在那些内心空虚的人看来才是平淡而无味的。没有人能完美无缺，也并非所有的事都能如愿，我们可以在平凡的人生之旅中默然前行，穿透人世间的荣辱成败、得失对错、是非恩怨的重重迷雾，从容中还人间以人间，还善良以善良，还山水以山水。

往事与谁论

在这个世界上，每一个人都是独一无二的。与人交往，不妨豁达一点，多理解他人就是对自己的一种解脱。

高山流水，知音难觅。人生在世，总希望有个知音，总想有个能欣赏自己、理解自己的莫逆之交，但往往是“春风满面皆朋友，欲觅知音难上难”。

红尘熙攘，有幸相逢便是缘。缘来缘去，本属自然，恰如天上流云，来去无踪，世事变幻，不需苦苦强求。知己前世不曾有，今生仍难求，来世亦缥缈，又向何处觅知音？千年往事，荣辱沉浮、对错恩怨也本无人可以倾听诉说，不如让往事成流水。

朋友之缘，只在于投缘与默契，在于彼此提携扶持，更在于信任、理解、宽容。人与人之间需要交流，快乐需要与人分享，快乐与相知的人分享，会得到别人由衷的祝福；与萍水相逢的人分享，会传递丝丝暖意；与困苦的人分享，会如春风拂面般沁人心脾。分享快乐，无须选择和分别对象，每一个人都是传递快乐的使者。

世人都喜欢欣赏大树的伟岸，但像小草一样无人问津的我们仍可以活得坚强、洒脱。世人都喜欢艳丽的牡丹，但我们仍可以做散发芳香的野菊花，无须他人欣赏、赞叹。因为自己是自己的山水人间，自己是自己的天地草原。世上没有两片相同的叶子，何寻相似的人？朋友间多一份尊重，多一份谅解，就多一份温馨，多一份愉悦。一种平等的交流、一份真诚的友谊又何尝不是一份知己之交呢？就让相知的种子埋进泥土，让相惜的花瓣落入尘埃吧！山间自有朝露，野花恬静而幽香，与其苦苦寻觅，不如赏四季之景，存一份寂寥心情，活一种超脱，活一份淡然。

岁月悠悠，人海茫茫，人人都渴望遇到如伯牙、子期那样的知音，以慰藉心灵的落寞。经历了无数次的选择，无数次磨砺，我们才明白，在这个世界上，每一个人都是独一无二的，无须强求别人对我们多么地理解。与人交往，不妨豁达一点，多理解他人就是对自己的一种解脱。自己的痛苦、委屈、挫折，无须他人分担，一切的不顺、不如意，皆因心胸太窄，成见太深，坏了自己的心情已经是一种悲哀，再去诉说，只会是放大自己的烦恼，并把烦恼传递给了他人。

往事如烟，回首岁月，人生的种种辛酸苦涩不需人前诉说。只需坚强面对，默默体会，学会做自己的主宰，我们就会活出自己的自信，活出自己的尊严，活出自己的精彩。

行路匆匆

抱定一种学习的心态去和人交往，去和人相处，生活中也就多了几分坦然和从容。

捧一杯暖茶在手中，细细品味，慢慢思索，有太多幸福，太多酸楚无奈，许多朋友如梦幻般飘散在天涯，许多故事遥远得无处可寻，人生就是一条路，行路匆匆。

命运是无常的，岁月也是如此的无情，我们都在为生活而拼搏，为事业而奋斗，有的人争名逐利，累得疲惫不堪，有的人纠缠于恩怨情仇，到头来只能落得个灰头土脸，落荒而逃。

人活一世，不过百年光景，物质贫乏不可怕，可怕的是心理贫困。贫困常与潦倒相连，人穷常与志短相关，心理贫困，富也会沦为贫穷，心理富足，穷也能转为富裕。物质贫乏加上万念俱灰，会很快摧毁一个人的身心，自信自强，虽暂时物质贫乏，但好日子也会很快到来。

在生活中，当我们经历了几番风雨、几轮挫折后，渐渐懂得争强好胜必会遭到生活的捉弄，肯定会伤痕累累。殊不知天外有天，楼外有楼，有时敢于承认自己不如人，也是一种自信。只有敢于面对缺点，才能让自己有一个更好的学习和长进的机会。抱定一种学习的心态去和人交往，去和人相处，生活中也就多了几分坦然和从容。

同样的岁月，同样的人生，如何品味生活，如何理解人生，却会产生不同的结果，有的人把生活的磨砺看作是上苍的恩赐，他会让自己的品行在风雨中不断地丰盈；有的人把磨难看成是不可逾越的鸿沟，最后只能是一蹶不振，一败涂地。

在人生道路上，我们无法阻挡时光的流逝，我们也无法阻止容颜的衰老，很多人只看重最后的结果，却忽视了沿途的风景。世界原本美丽，生活如此美好，风景在路上，美好也在路上。如果我们有一双善于发现的眼睛和一颗善于体会的心灵，保持一份好的心情，我们的生活就会多一分惬意，多一份轻松，多一份安详，多一份洒脱，多一份自在。

归来的笑容

把自己最阳光的一面展现给世界，奉献给社会，也让这个世界因为自己的开心而变得更加美丽。

笑容是人类最具有表现力的面目表情了，几乎所有情感都能用笑容来传达，表达的滋味也别有洞天。

出征归来的笑容，仿佛用所有春天的消息在写下传奇，胜利的喜悦也只有用灿烂的笑容才能表达，把自己的喜悦传播开来，就会让这个世界充满欢声笑语。

忏悔归来的笑容，犹如水滴一般透明，留在彼此的心底，忏悔以往的过失，决心做好以后的自己，要从当下做起。

孤独归来的笑容，仿佛夜晚的月光，陪你走出孤寂，迎来黎明，学会了孤独，也就能够充分地享受孤独，享受那份自由，享受那份无拘无束，发自内心的微笑也就把孤独驱赶得无踪无影。

恼怒归来的笑容，让你熄灭内心的嗔恨，泯灭所有的恩怨和纷争，豁达一笑，包容天下苍生的所有，内心深处没有了仇恨，写满善良的祝福。

愉快归来的笑容是第一朵花开的声音，为世界送去一缕清幽的芬芳，把自己最阳光的一面展现给世界，奉献给社会，也让这个世界因为自己的开心而变得更加美丽。

思念归来的笑容，用初次看见时的心情，留下幸福的泪滴，抛却情爱的牵缠和羁绊，还人生一份轻松和自由。

随缘归来的笑容，用第一缕清新的微风，诠释着自在的人生，成为彼此最深的记忆……

闭上眼，回眸一笑，双手合十间，我感觉慈悲在蔓延。

蝴蝶的记忆

生命的历程就是一次又一次美丽的蜕变，正因为经历了痛苦的蜕变才有灿烂的新生。

大家都知道毛毛虫变蝴蝶的故事，假如蝴蝶有记忆，应该记住命运的考验，牢记那些痛苦的蜕变。它曾经是那么丑陋，最后却变为美丽的蝴蝶，可见，只要不放弃对命运的努力，命运就会回报给我们一个传奇；只要不放弃对生活的热情，生活就会回报给我们一个美丽的命运。为了成就美丽的命运，痛苦也是一种美丽，生命的历程就是一次又一次美丽的蜕变，正因为经历了痛苦的蜕变才有灿烂的新生。

人生的路漫长而多彩，就像在无边的大海上航行，有时会风平浪静，一帆风顺；有时却会是惊涛骇浪，行驶艰难。但只要我们心中的灯塔不熄灭，就能沿着自己的航线继续航行。只要我们在阳光中学会歌唱，在阴云下学会坚强，在狂风中抓紧希望，在暴雨中抓紧理想，当我们站在终点回望时，我们可以看到自己走出了一条属于自我的生命之路。其实传奇并不遥远，传奇就在我们的身边，我们每个人的一生都是传奇的一生。

对于热爱生活的人，命运从来都不吝啬。生活在给予我们挫折的同时，也锻炼了我们的坚强，我们也就有了另一种阅历，对生活有了更深刻的认识。酸甜苦辣不是生活的追求，但这是生活的必然经历。试着用一颗感恩的心来体会，我们会发现不一样的人生。

不要因为冬天的寒冷而失去对春天的希望。抬抬头，看看天，看看太阳的笑脸，阳光将那些或悲或喜的思绪化为一缕香醇的记忆，所有的沧桑都会蜕变成一种极致的美丽。

忧伤的过往

人生是一次旅行，无须将所有的情感打包。我们可以让自己的身心留一片清净，永远保持轻装上阵。

人生路上总会有许多伤心、痛苦的过往牢牢地占据着我们记忆的中心，我们却又不敢轻易触碰，让自己的心沉浸在痛苦中。其实仔细想想：为什么忘不掉那些痛苦的记忆？为什么要让那些忧伤的过往折磨自己呢？

伤疤是生命的勋章，磨难是命运在有意锤炼我们承受痛苦的能力。我们要学会看清、理清、分清哪些记忆是应该保存的，哪些记忆是应该丢弃的。不要让自己埋没在城市的喧嚣与繁华中，要学着让繁华的人生旅途荡气回肠，让哀伤的流年过往被遗忘。

人的一生就像是一次长途跋涉，沿途风光各式各样，有羡煞众人的旖旎风光，也有难以预料的艰难坎坷，如果把走过看过的都牢记心上，无疑是给自己增加额外的负担，倒不如一路走来一路忘，把生活中的琐事，过去的恩怨情仇全都忘记，不被无聊的烦恼纠缠，不被无意义的争斗牵绊，我们可以让自己的身心留一片清净，永远保持轻装上阵。

生命是一叶轻舟，它载不动太多的哀愁和抱怨；人生是一次旅行，无须将所有的情感打包。过去的已经过去，时光不会倒流，记住不如忘却，痛苦不如遗忘。就让我们抛弃生活中忧伤的过往，忘却悲哀，心无挂碍，开心洒脱地生活吧！

善良真好

与人为善，我们就会拥有一种美好的感觉，就会拥有一种亮丽的情怀，平凡的生命也会因此生动起来。

“人之初，性本善。”善良是每个人都具有的天性，只是因为自私、偏执、心胸狭隘、利欲熏心等不良的品行泯灭了它应有的光辉。

如果想做一个善良的人，就需要超越自我，超越自己的自私、狭隘、偏激和残忍。拥有海纳百川的雅量，尊重别人，理解别人，宽容别人，会使我们的人生更加畅快淋漓；想他人之想，急他人之急，尽他人之需，会让我们达到忘我的境界。

善良会让我们摆脱名利的束缚，不去阿谀逢迎，攀附权贵；会让我们的人生淡泊平实，在平凡中彰显神奇。

善良是平凡的，在平凡中体现着它的高贵，它无处不在，无时不有。善良可以是千金馈赠、扶贫济困的义举，也可以体现在助人为乐、救苦救难的作为中；它可以在生命瞬间展示出壮美的惊心动魄的力量；它可以在漫长的人生沧桑中涓涓流淌、滴滴显现；它可以表现为毫不利己、专门利人的精神，也可以表现为忍辱负重、顾全大局的义举。

善良不仅是精神上的关怀与给予，也是对人心灵与精神的洗涤。作为一种境界，做到善良不难，其实只是举手之劳，于我们自身或许并无缺损。给迷途者指条路，向落难者伸出一只手，给成功者一个会心的微笑，给失意者一句暖心的话语等，这种看似轻而易举的行为，其实并不仅仅是一种朴素的善良，而是用善良浸润后的灵魂折射出来的人格魅力。

我们每个人都认为自己善良，很多人也愿意去做善事，可我们总是把自己的需求放在他人的需求之前，因而，常常在最需要表现善良的时候却错失机会。

善良的人对别人行善，自己的一生会生活在爱的幸福里，因为我们的付出，可能帮助一个人走出困境，或者帮助一个人获得新生。好比盛开的花朵，为世间提供了美丽和芳香，为蜜蜂、蝴蝶提供了食物，也丰富了自己的一生。经历过行善的人才能悟透“善良”的含义。“吃亏是福”在这时也有了清晰的注脚。

善良是人性中最平凡的品质，也是人性中最光彩的一部分。善良意味着付出，意味着奉献，意味着牺牲，它让人间温暖，它让人间充满着爱意。

真正的善良应该是不计回报的，纵使没有得到受恩者的感恩戴德，但是行善的人，追求的应该是一种内心的满足，它不能用价值尺度来衡量，只能用心灵去感知。

与人为善，我们就会拥有一种美好的感觉，就会拥有一种亮丽的情怀，平凡的生命也会因此生动起来，普通的世界便会出现迷人的色彩。

与人为善是人际交往中一种高尚的品德，是智者心灵深处的一种沟通，是仁者内心世界里一片广阔的视野。我们用善良的心去对待别人，就好比清晨的露水滴入濒死的草木，让它瞬间得到生命的滋润，重新焕发出生命的光彩。

善良是友谊的桥梁，理解他人的心，能让人通过平等的沟通打开彼此误会的心结，拉近心与心的距离，消除隔阂，扫清障碍，增进感情和加深友谊。善良是广阔无垠的，包容一切的胸怀，可以避免一切矛盾的加深。善良是平韧的感情，它可以让邪恶低头，让怨恨逃逸，让仇恨泯灭。善良是一种社会道德，是维持生活正常运行的润滑剂。

善良是一笔无价的财富，美德本身就是一种丰厚的报酬，行善积德是中华民族的光荣传统。人们需要善良，世界需要善良，而我们自己也需要善良。让我们用善良来丰富人生，用善良来标示我们的人格魅力，用善良来撰写我们生命的历史吧！

幸福有多远

祸福转眼间就可能发生转换，我们应该做的就是不以物喜、不以己悲，把握住自己的心态而已。

幸福有多远，这是一个许多人都想知道的问题。人总是有很强的好奇心和窥探欲，即使是对于自己日思夜想的幸福，也总想知道幸福在自己的身边还是在遥远的天涯。

很多时候，我们很少会去想自己是否幸福，只是在看到别人幸福快乐的时候，心里突然感到有些失落。其实我们也很幸福，只是没有发现罢了，如果找到了幸福，又何必去羡慕别人呢？

我曾一直以为幸福在远方，一直以为不断地努力，不断地追求就是为了那所谓的幸福。可是到现在才茫然有所觉悟。那些拥抱过的人、握过的手、一起唱过的歌、流过的泪、爱过的人，那些所谓的曾经，原来就是我们一直在不断追求的幸福。为了获取幸福而付出辛苦，却往往在辛苦之后遗失了幸福。原来幸福就在身边一点点地流失，原来在追求幸福的同时却同样使幸福流失……

小时候，父母的疼爱是一种幸福，但在那时候我们总认为他们太唠叨了，老和他们闹脾气，现在回想起来，原来是自己身在福中不知福。

上学时，老师的重视是一种幸福，但我们总觉得那是多余的，有没有都一样，反正日子一样要过。等到步入社会，书到用时方恨少，我们方才醒悟，后悔当初没有把老师的叮嘱和教导付诸实施。看看身边，回想着自己走过的路，才慢慢明白了这一切。幸福就像是穿在自己脚上的鞋子，只有穿的人才能感觉到它的舒服，也只有自己才能够感觉到它带来的痛楚。

其实，幸福就像影子一样与我们同行，可是我们却无法捕捉到它的温馨。我们喜爱回味幸福的标本，却忽略幸福披着露水、散发清香的时刻。不是因为幸福很神秘，而是因为它害怕为欲望所驱逐。所以面对无休止的欲望，它只能选择逃避，最后，生活只剩下了不满与抱怨。这也许就是幸福总是在我们的期待中放光，却没有成为我们生活主题的原因吧。

那么，究竟什么是幸福呢？因为宽容，海纳百川，有容乃大是一种幸福；因为豁达，壁立千仞，无欲则刚是一种幸福；因为舍得，失之东隅，收之桑榆是一种幸福。

幸福就是一种心境，一种感悟，一种心灵的震颤，是人们对生活、对人生所拥有的一种态度。它与富贵、权力、地位无关。

当我们埋怨幸福的无聊与难耐时，是我们的心情把幸福复杂化了。其实，幸福不远，也很简单。它每时每刻都渗透在我们的生活当中。一片淡云，一抹阳光，一潭净水，一盏暖灯都能让我们处处感受幸福；一个灿烂的笑容，一声简单的问候，一个默契的眼神，一份真诚的牵挂，都能让我们时时身处幸福中。

想要得到幸福也不困难，只要你愿意，就可以是幸福的。幸福没有深不可测的底线，却有无限的外延。只要你让它在自己心里安家落户，它的触角就可以随你所愿，延伸到我们的生活中去。不是因为追寻幸福而幸福，而是因为幸福才幸福。

幸福有时就如同喝茶，需要慢慢地、细细地去品味它的过程，然后再回味时，那意更香，那味更浓。也许，有太多的人都喜欢一饮而尽的享受，而不是慢慢品味，也没有那种耐性；那么，他们也只满足了一时的欢快，却永远也体会不到茶的芳香，味的浓厚，还有其浓郁的过程。

幸福不是幻想，幸福也不是比出来的，幸福是靠自己踏踏实实一步一个脚印走出来的，它是我们生活的硕果。细细品味，原来幸福一直在我们的身边，幸福就在我们触手可及的地方，幸福就是我们现在拥有的，幸福就是对社会的感恩，对生活的感激，对自己的感动……

有什么样的幸福定义，就有什么样的幸福感受。塞翁失马，焉知非福，虽然只是一则寓言，可也昭示了幸福之所在。我们不必为自己的失去而寝食不安，我们也不必为自己的得到而沾沾自喜，祸福转眼间就可能发生转换，我们应该做的就是不以物喜、不以己悲，把握住自己的心态而已。美国第 32 任总统富兰克林·罗斯福家里曾失窃，损失惨重。许多朋友纷纷安慰他，罗斯福却说："我现在一切都好，也依然幸福。因为，第一，贼偷去的只是我的东西，而没有伤害我的性命；第二，贼只偷去我的部分东西，而不是全部；第三，最值得庆幸的是，做贼的是他而不是我。"罗斯福超然的心境也令我们感慨，这不仅是一种豁达的生活态度，更是一种超然的生活智慧。有了对幸福的这种感受，那幸福肯定会一直萦绕在我们身边。

幸福无处不在！幸福，不在于结果会是怎样，是否能够得到，而是在于爱的本身，那种追求、付出、等待的过程。

其实，幸福就在我们的一念之间。我们如果常为自己已经拥有的而惊喜不已，那幸福就近在咫尺；如果永不满足于既得利益，那幸福便远在天涯。其实，幸福的这根线一直是牵在我们自己的手里，我们拉紧一些，幸福就会离我们近一点，我们放松一点，幸福就会远远地飘荡开去。只要我们把幸福的那根线牵得够紧，我们就可以清晰地闻到幸福那醉人的芬芳。

幸福有多远？其实幸福无处不在，它就在我们的身边。

我愿意做你眼中的一滴泪水

我愿意做你眼中的一滴泪水，用真诚去迎接每一个从我们身边擦肩而过的朋友。

亲爱的朋友，当童年的记忆一步步变得模糊与遥远，当心头的感觉一点点变得无奈与麻木，当我们站立在这车水马龙的街头，心头也会浮起一丝孤寂与凄凉。环顾周围时刻在改变的世界，犹如霓虹灯般闪烁，你是否感到了无助，是否感到了温情？你是否感觉到不远处，灯火辉映处，有些人，你非常熟悉？这些人，就是与你一生相伴、一路走来的朋友，这其中有一个清瘦的身影——那就是我。

我的朋友，我愿意做你眼中的一滴泪水，伴你走过世态炎凉，春夏秋冬。我愿陪你走过那漆黑的夜晚，陪你去看飞翔的海鸥，陪你去迎接所有的快乐，陪你去忍受所有的悲伤。我愿陪你去挑战所有的困难，陪你去分享世界的美丽。我愿陪你送走每一个傍晚，陪你迎来每一个明天，陪你祈祷将来的日子。有了你，我也就拥有了生命的内涵。我的朋友，我愿意做你眼中的一滴泪水。在你开心的时候，你尽情地把开心的泪水抛洒，我不会怨恨你，这就是我生命的全部。我实现了我的忠诚，我捍卫了我的信仰，我会化作一只开心的精灵，犹如你的影子，陪伴你走过所有的日夜，我的朋友。

我的朋友，我愿意做你眼中的一滴泪水。在你悲伤的时候，我请求你不要对命运哭泣，那只会加重你的负担。我不愿意孤独地飘洒在这空旷的世界，走向没有一丝希望的归途。你坚强一些啊，我的朋友。

我的朋友，我愿意做你眼中的一滴泪水。用我们的真情感动世界，用我们的真爱鼓舞世界，用真诚去迎接每一个从我们身边擦肩而过的朋友。

感谢天地

很多时候，当我们为找不到幸福而苦恼时，并非是幸福真的远离了我们，而是我们自己迷失了方向。

人生如流星般转瞬即逝，纵使留下划破天际的美丽，我们仍然感喟人生何其短暂。于是人们降生到人世间，化为蒲公英的种子，不断享受着雨露的滋润，日月的精华。虽然最后沉归于尘土，但我们仍要感谢苍天，它让我们有了生命，让我们拥有幸福。

曾经以为，幸福存在于人们金钱与权力的游戏中。拥有富丽堂皇的洋楼别墅，出门私家车代步，又或者功成名就、披金戴银，别人投来羡慕的目光和向往的眼神……回头细细想想，现实生活中能达到这些条件的有多少人？难道其他人就没有感受到幸福吗？世人为了寻找幸福，不惜走遍千山万水，蓦然回首，幸福却远在天边，近在眼前。

曾经有人做过这样一项有趣的调查：世界上什么人最幸

福？在上万个答案中，有四个令人印象深刻：吹着口哨欣赏自己刚完成的作品的艺术家，给婴儿洗澡的母亲，正在沙地上堆城堡的孩子，劳累了几小时终于救活了一个病人的大夫。幸福就是如此，只要用心感受，平凡却并不简单。

人生路上，来去匆匆。我们暂且停下脚步，或许在这休憩的驿站就会发现幸福的身影……歌德说：“人之幸福，完全在于心之幸福。”人在世上，不单是为了拥有幸福，更重要的是有一腔感恩的热忱，一颗感恩的心。

温暖的港湾是我们停靠的地方。妈妈精心为自己准备的饭菜，弥漫着缕缕的清香。若加上一声真切的赞叹或者一个亲昵的吻，你会觉得这顿饭是那么回味无穷。

环境改变人的思想。摒弃不满的情绪，用心感受现在的生活，聆听万物的声音，你会发现你已经是一个满足的感恩者。

感谢父母挚友，感谢竞争对手，感谢青春生活。和煦的春风吹向广阔的大地，撑开的一顶顶“降落伞”，把幸福的种子撒向世界每个角落，告诉别人：“我很幸福!”

在这里，我再给大家讲几则故事。有一个诗人，才华横溢且家境富裕，妻子美丽温柔，儿子聪明伶俐，但他怎么也感觉不到快乐。他请上帝帮他找回幸福。上帝先夺去了他的财产，再带走他的妻儿，最后拿走了他的才华。诗人痛不欲生。过了一个月，上帝把这些又重新还给了他，诗人搂着妻儿，长久地跪在上帝脚下，深深致谢，感谢上帝赐予他幸福。

另一则关于穷人的故事和它有异曲同工之妙。穷人家房子很小，四世同堂，异常拥挤。他请求上帝帮他摆脱这种困境。上帝说："你把鸡和鸭也关进屋子里，和你们一起住，一周后来找我。"一周后，穷人备受折磨，苦不堪言，再次请求上帝帮他。上帝说："你把牛和羊也关进屋子里，和你们一起住，一周后再来找我。"又过了一周，穷人痛苦难耐，度日如年，再次恳请上帝帮他。上帝说："把那些动物都赶走吧，恢复原状，一周后再来找我。"一周后，穷人跪在上帝脚下，深深致谢，感谢上帝赐予他幸福，让他尝到了久违的快乐。

其实，上帝并没有多给他们任何东西，只是给了他们一份失而复得的感觉而已，他们便从中体会到拥有的满足，从而开始珍惜现状。正所谓"不识庐山真面目，只缘身在此山中"。上帝做的唯一的一件事，就是帮助他们跳出来看待自己的现状。

很多时候，我们为找不到幸福而苦恼，但实际上幸福并没有真的远离了我们，变得遥不可及，而是因为我们自己迷失了方向，缘木求鱼。由于我们自身变得麻木，以至于对幸福熟视无睹，但幸福始终默默地跟随着我们。有一天，我们幡然醒悟。蓦然回首，会发现幸福正在拐角处对我们微笑，静静地等候着和我们一起回家。刹那间，我们禁不住热泪盈眶，感动万分，在心里祈祷：生活真美，感谢天地，让我拥有这一切。

聪明人未必幸福，但有智慧的人会看到幸福；灵巧者未必幸福，但豁达的人会找到幸福。幸福与智慧、豁达始终相伴。

在这个世界上，你未必是最幸福的，但你肯定不是最不幸的。幸福像花儿一样，每朵花儿都会绽放，你的、我的、他的；每朵花儿也都会凋谢，你的、我的、他的。你不可能一直处于幸福之中，但你总该体验过什么是幸福。上苍让我们变成一朵朵花儿，我们能做的只是不停地延长自己的花期，不断地增加自己的花季而已。每一个花季都有其独特的美，无所谓孰优孰劣。

人生不正是如此吗？每个阶段都有值得珍惜和回味之处，我们可以欣赏童年的纯真、少年的热情、青年的自信、中年的沉稳、老年的从容，而不必挑剔甚至怪罪年幼的无知、年少的鲁莽、年青的轻狂、年长的世故、年老的迟钝。

简单就是美，幸福其实很简单，尽情享受拥有的一切就可以了。得不到的未必就是最好的，拥有的才是弥足珍贵的，知福、惜福才会感到幸福。有钱人未必幸福，但知道自己富足的人可以体会幸福；没钱人未必不幸福，珍惜自己已拥有的，同样可以感悟幸福。幸福和金钱未必成正比，但也未必水火不容。

幸福到底掌握在谁的手中呢？就像我们常问命运到底掌握在谁的手中一样。我一直很赞同“命运的一半在自己手中，一半在上苍手中”这句话。前半句表达了主观上的努力拼搏，代表了人类至高无上的自强不息精神；后半句表达了客观上的自我认知，代表了人类难能可贵的自知之明。

当我们身处逆境时，要始终勉励自己“天将降大任于斯人也，必先苦其心志，劳其筋骨，饿其体肤，空乏其身，行拂乱其所为，所以动心忍性，增益其所不能”。要始终相信，还有一半的命运在自己手中，不可随波逐流、自暴自弃。只要自己不倒下，没有人能够打垮你。

当我们身处顺境时，更要保持清醒的头脑。我们之所以成功，一半是能力，一半是机会。很多暂时没有成功的人并非输在缺乏能力上，只是缺乏机会而已。成功时要多想想，此刻正有很多能力远胜于我们的人，正默默地守候在角落里，苦苦等待着机会的来临，就像成功前的我们一样。你还敢停下来歇歇脚吗？只怕再无起身的机会了，一失足成千古恨。我们要始终记得，命运在自己手中，不可掉以轻心、得意忘形，唯有努力努力再努力。

幸福到底掌握在谁的手中呢？我以为，幸福和命运不同，命运似乎是一种客观存在，而幸福就是一种自我感觉，一种比较。和自己做纵向比较，和他人做横向比较。你总能发现令自己垂头丧气的不足之处，也总会找出让自己欣喜若狂的熠熠亮点。

千里马常有，而伯乐不常有，不是我们的生活中缺少美，而是我们缺少一双发现美的眼睛。那就做一个慧眼识幸福的人吧，知福，才能感知幸福，惜福，方能留住幸福。

让世界充满爱

对生命而言，金钱不是最重要的，拥有爱的人是世界上最富有的人。

人生是在路上的一段历程，在终点看时很短很短，其实我们已经经历了很多很多，走了很远。只是，这一路走来，我们是否认真思索过这弥足珍贵的生命呢？

我们常常把生存放在首位，考试、就业、升迁、赚钱、结婚、贷款、抵押、买车、买房、装修……一切都是为了活下去，却没有想过生命里最重要的并不是生存的问题。

我们需要认真反省自己，要对自己诚实，问问自己需要的到底是什么。是银行账户上的数字不断地增加吗？是更豪华的房子、更昂贵的轿车吗？真正让我们感到满足的是什么呢？在物质的拥有上，我们的心常常是个无底洞，在得到想要的以后，又会有更想要的东西，永远不会心满意足，也许一生都耗在对物质的追逐上。但是当物质上的一切都能如愿时，我们真的就幸福了吗？有时物质上拥有的越多，精神上却反倒会越空虚。不要让生命在俗世的烦琐中来来去去，不要用许多梦想去换取数额更大的支票，不要以为快乐只是建立在物质的拥有上，不要把所有的时间都用在财富的积累上，这或许能给我们带来一时的快乐，带来心理上的满足，但却很难给我们带来长久的快乐。我们无法用物质的东西去替代爱、善良、温柔或朋友间、亲人间的友情、亲情，无论我们拥有多少财富或权势，都无法代替人与人之间的温情。

人与人之间更需要的是爱，是相互间的关怀、爱护、理解、包容。当我们正受着病苦的折磨时，药物的疗效远不如亲人、朋友悉心的呵护，爱是世间最好的疗伤药物；当我们处在人生的低谷时，也许是朋友的一句鼓励的话语，也许是亲人默默的支持，就能让我们鼓起勇气去面对所有的艰辛困苦，在爱的沐浴下行走，我们就不会感到孤独和无助。

对生命而言，金钱不是最重要的，人生最重要的是学会如何施爱于人，并去接受爱。爱是唯一的理性行为，没有了爱，我们便成了折断翅膀的小鸟。

拥有爱的人是世界上最富有的人。因为内心充满了爱，所以我们的生活中也就处处充满了爱，到处都会洋溢着一种祥和，一种柔情；因为心中充满了爱，所以我们不会去计较自己得到的是否和付出的一样多；因为不计较得与失、对与错，我们的内心就少了很多的烦恼，生命就多了更多的快乐；因为心中充满了爱，所以对他人的过失会以非常大的胸怀去宽容、谅解，并且能包容他人和自己不同的见解和行为，那么你的身边就会有许多真心的朋友。

爱需要付出，付出我们的关心，付出我们的真诚，付出我们的友善，并将这一切付诸行动之中：眼神可以洋溢着和善与关切，笑意可以如春风般拂过脸庞，言语可以如和风细雨般轻柔。爱从一个微笑开始，从一个问候开始，不管是何种意义上的爱，都需要在具体的行动中去实现，当爱荡漾在我们身边时，这个世界就温暖起来。

茫茫宇宙之中，个体的人是那么的微不足道，如那空气中的微尘。但是无数的微尘却可以释放出巨大的爱的能量，并且以不着痕迹的方式，构筑着生活的美丽、人间的真爱、社会的和谐。如果每个人都能奉献自己的爱，那么人世间就会遍布阳光般的温馨、明媚和美丽。

因为生活严峻，所以每个人都向往温暖的阳光。爱能赶走一切寒冷、一切黑暗。真正的爱，是生命藏在举手投足之间的一种本能，是水到渠成的一种惯性。人世间，同样是施爱，风景却各不相同。有人施爱，就像种粮食，还未等种下去，满心想着的便是秋天的粮仓；而另一类人，认真地把种子撒出去之后，便头也不回地绝尘而去。结果是，第一种人总是不会满足，因为他们太在意得到的回报。而第二种人却总在收获时惊喜，因为他们本不曾想要得到什么，然而，一低头，一回首，四野里已经尽是绵延的绿色。

生命的意义一旦被奉献解读，将会变成无上美丽、傲视人间的春色；生命的潮水一旦冲破狭隘的藩篱，将会变成吞银喷雪的惊涛，无坚不摧；生命的大爱一旦面对劫难，便会产生巨大的能量，让荒野变成绿洲；生命中爱的光华一旦照亮黑暗，便会定格成一种永恒的姿势，光耀千秋万代。

当夜幕敞开胸怀拥抱星月，眼前便一片星光灿烂；当大地伸出双手呵护种苗，窗前便一片盎然春意。这个世界因为有爱才有百花盛开，才有累累果实，才有虫鸣莺啼，才有蓝天白云，才有万物的生机勃勃。爱，使我们心灵相通；爱，使世界不再孤单。来吧，不要再犹豫，让你我伸出温暖之手，付出你我真诚的爱心，温暖身边的人，让世界充满爱，让温暖的爱如春风般吹遍人间，吹散痛苦的阴霾，吹干悲伤的泪水，吹开幸福的花朵，吹出生命的盎然。

真诚宁静走人生

不要整天忧愁烦恼，因为失意正是得意的基础；也不要为一时的幸福而得意，因为得意正是失意的根源。

世上的人千人千面，千变万化，每个人都面临适应人生、适应社会的问题。所谓“以不变应万变”，面对大千世界，我们应该抱定以诚待人、以德服人的态度来适应人们个性的不同，即使对冥顽不化的人，也要以诚相待，使他受到感化，所谓“精诚所至，金石为开”。与之相处坚持我之美德，终可德化落后之人，保持真诚平和的人际交往。待人也应以慈悲为怀，不能以算计人、利用人为出发点，慈悲心肠的人多了，人世间便自有温情。

世事无常，但不断变化、不断发展却是一个普遍现象。称心如意、生活安定当然是可喜可贺，但事物总处于变化中，称心与安居是相对的，暂时的。反过来，不要整天忧愁烦恼，因为失意正是得意的基础；也不要为一时的幸福而得意，因为得意正是失意的根源。其实，人生原本无得意与失意之分，只是人观念上的感觉而已。世间一切事物总处于变化之中，在一定条件下可以转化，在人生道路上，只有像蜗牛爬山一般步步辛苦前进，不惧困难，不怕艰险，才能有所收获。

人在宁静中，心绪会像秋水一般清澈，这时，我们才能发现人性的真正本源；人在安详中，气概会像晴空白云一般舒畅悠闲，这时，才会像平静无波的湖水一般谦和，这时，才能获得人生的真正乐趣。要想洞察人生的真正意义的话，再也没有比这种方式更好的了。明月当空，宁静致远。我们不妨学会从容、坦然地面对人生。

让微笑来做我们一生的名片

它不会使赠送的人变得拮据，却会使收受的人变得富有。

微笑，似蓓蕾初绽。这朵花，植根于美好的心灵。尽管未来的岁月里，还会有风风雨雨，但心灵的花蕾上总会闪烁着信念之光。不要抱怨生活给你太多的磨难，不必抱怨生命中有太多的曲折。大海如果失去了巨浪的翻滚，就会失去雄浑；沙漠如果失去了飞沙的狂舞，就会失去壮观；人生如果仅去求得两点一线的一帆风顺，生命也就失去了存在的魅力。把每一次的失败都归结为一次尝试，不去自卑；把每一次的成功都想象成一种幸运，不去自傲。就这样，微笑着弹奏从容的乐曲，去面对挫折，去享受幸福，去品味孤独，去战胜忧伤。所有一切的一切，都只是一个过程，回头再看时，它不过是过眼的烟云，轻微得不值一提。

微笑的风采，包含着丰富的内涵。它是一种激发想象并启迪智慧的力量。顺境中，微笑是对成功的嘉奖；逆境中，微笑是对创伤的理疗。微笑像一杯热茶，滋润我们干涸的心田；微笑如冬日阳光，帮助我们驱走一切寒冷。

微笑吧，把尘封的心胸敞开，让狭隘自私淡去，把自由的心灵放飞，让豁达和宽容回归。这样，一个豁然开朗的世界就会在我们的面前展现。

微笑是我们的生活里不可或缺的元素。我们想要快乐，最重要的就是保持自己的本色。自己的命运只能自己把握，我们只能自己唱自己的歌、画自己的画、浇灌自己的花园、营造自己的天地；不能把命运交给所谓的神灵，自己去适应这个社会，去适应周围的环境，任何人都不能代替。

微笑就是我们的信使，我们的笑容能照亮所有看到它的人。对那些整天眉头紧皱、愁容满面的人来说，我们的笑容就像穿过乌云的太阳，它会让人感到生活中充满着希望，充满着快乐，充满着阳光。微笑是最好的礼物，它价值丰盛，却不费一文。它不会使赠送的人变得拮据，却会使收受的人变得富有。它发生于分秒之间，却能让人永生不忘。没有人因富足而不需要它，也没有人因贫穷而不接受它的好处。它为家庭带来欢乐，为事业培育关爱，也使朋友间互通情谊。它使劳累者获得休息，使沮丧者重获光明，使哀伤者得到抚慰，也使陷入烦恼者得到解脱。

微笑吧，微笑着的我们，要用微笑的力量，去关照周围，去感化周围，去影响周围，直到周围的每一个人脸上都绽开灿烂的笑容。

微笑吧，因为它是我们一生的财富。

给世界一片光明

有痛苦才懂得什么是幸福，有失才能有得，该珍惜的要好好去珍惜，该放弃的要毅然放弃，既然痛苦无法避免，就让我们用光明的心对待人生。

春华秋实如静流，云散霞飞水悠悠。饶是何物牵心头，浮生大梦手不收。在人世间，我们不妨多一些豁达和包容，放开那些成见和自我，用一双感恩的眼睛，来欣赏这世间所有的事。也许在细雨中漫步，也许给陌生人一个微笑，也许发个短信祝福远方的朋友，心中充满希望，心中充满爱，忘掉生活的烦恼，品一品“吃亏是福”的幽默，你会发现，幸福原本是那么简单。

曾几何时，世界已经不是那个世界，人也不是原来那个人；曾几何时，世界还是那个世界，人还是那个人。世界并没有变灰暗，黯淡的是自己的心；世界并不缺乏光明，缺乏的只是对待世间光明的心境。

虽然我们不能给世界带来巨大利益，但是每一句好话总会温暖人心，每一个善念总会开花结果，光明的心总会带来无限光明。不要以为阳光离我们很遥远，其实，阳光时刻与我们相伴，只不过是由于我们内心冷漠，而忽视了温暖的阳光。

生命不能轻言放弃。我们漫长的人生中，难免要经历挫折和坎坷。但是世间不会没有奇迹，只是有些人缺乏耐心和毅力。有烦恼才知道什么是快乐，有痛苦才懂得什么是幸福，有失才能有得，该珍惜的要好好去珍惜，该放弃的要毅然放弃，既然痛苦无法避免，就让我们用光明的心对待人生。光明的心如同春天的细雨，滋润干涸的心田；如同夏天的凉风，沁人心脾，给人丝丝舒畅；如同秋日的明月，带给人清凉；如同冬日的暖阳，让人们沐浴在爱的海洋。有时候，一句真诚的赞美，一个灿烂的微笑，一句发自内心的忠言，往往能让人备感亲切。当你不知不觉微笑久了，就成了习惯。没有人会拒绝你的微笑，不要吝啬你的笑容，也许多年的误解会因为一个久违的笑容而瞬间释怀。

大江东去，湮没多少英雄人物；漫漫黄沙，掩盖多少恩怨情仇。生命里最高贵的选择就是让自己坚强。哪怕忧伤，微笑依旧绽放在脸庞；哪怕惆怅，善良依旧闪烁在心房。纵然历经人世冷暖炎凉，我们仍可以用自己的祝福和善良在世间的土壤中撒满光明的种子。生命是自己的，幸福也是自己的，善良和祝福会给我们的生命带来坚强和温暖，一颗光明的心总会给世界带来光明。也许这光明不是巨大的辉煌，哪怕只是一点点，我们相信它会像星星之火一样，不需要多么热烈，不需要多么伟大，也会形成燎原之势，温暖人间，照亮世界，这是我们给世界最珍贵的礼物。

做一个快乐的使者

人生最大的敌人是自己。自己开心，才能传播开心；自己快乐，才能传播快乐。

时空悠悠，谁都是过客，何苦计较那么多。宽容一点，快乐一些，无论身处顺境还是逆境都不做弱者。我们不妨用智慧，用真诚的态度，寻求一种最佳的生活方式，遵守一定的社会行为规范，建立起人与人之间相互关爱的关系，创造出自己良好的生存空间和生活环境，使自己和别人都能获得快乐而幸福的生活。

面对诱惑时，我们应该少一些欲望，少一些要求。有条件也不要过度奢侈，珍惜眼前的一切，更没有必要刻意苦行，去过低贱卑微的生活。时代在发展，社会在进步，适应社会，才能获得更大的快乐。即使有些不如意，也要学会随遇而安，知足常乐。只要精神状态良好，心态平和，即使生活简单粗糙一点，也是一种快乐。

面对许多人默默的关怀和期盼，面对许多没有预约的失败和挫折，不要以为自己无可救药，不要以为整个世界都变得灰暗褪色。我们躲在黑暗无人的角落，悔恨、怨叹、流泪，都无济于事，一切都会过去。过去的已是过眼的烟云，不要让过去的烦恼影响了我们今天的好心情。我们生活的世界在不停地变幻，在已逝的过往和未知的明日之间，最要紧的是我们改变了自己最初对生活的态度和观念。回过头来想想，用淡淡的心情去感受，也许就会发现，生活感动依然，快乐依旧永远。感恩生活，感谢命运，它是我们人生中无价的财富。

不要把自己的喜怒哀乐建立在他人的态度和脸色上，不要被别人的言谈举止所左右，影响我们应有的开心和快乐的情绪。对一些人和事，看不开，看不惯，自己烦恼却怨别人。那只能说明自己无知和愚昧，只能怨自己目光短浅，心胸狭隘，一叶障目，迷失了自己。学会理解，学会宽容，其实，真正解放的还是自己。

当我们工作的时候，不管任务有多重，压力有多大，都不要抱怨工作。不要带着怨气去开始一天的生活，这可能会带来不必要的损失，更不要把工作中的不顺心带回生活中，自己不开心，还影响了他人的情绪。开心生活，才是我们最大的目的。不要和别人攀比，这样我们会活得很轻松，人生最大的敌人是自己。

如果相爱，最后却不能相守，不要躲在无人的地方伤怀，天长地久不是爱的全部，试着退回原地，为对方送上真诚的祝福，就会感觉快乐从心中缓缓流出。

繁华只是眼前流过的风景，爱的折磨也只是昨夜曾经的伤痛，平淡的生活才能保持永久的快乐。

守候平淡的日子吧，只要留心，只要不放弃那份对生命的渴望，每一个细微的日子，都有它所能给我们的无限爱意和时时可以感受、可以信赖、可以拥有的快乐。自己开心，才能传播开心；自己快乐，才能传播快乐。让我们做一个快乐的使者吧！

善待误解

生活免不了坎坎坷坷，我们不妨用一种平静的心态去对待所有失误和误解，给自己的心灵留点空隙，让自己拥有一颗轻松自如的心。

生容易，活容易，生活不容易。但有时候，这生活中的不容易却是因为彼此的误解造成的。

确实，被人误解是一件很痛苦的事情，偏偏有时候更是“哑巴吃黄连”，让人连大呼冤枉的机会都没有。但是，我们要知道，唉声叹气或者火冒三丈根本无济于事，只会让自己在痛苦和烦恼中煎熬，首先最重要的是让自己先平静下来。

有时候，误会的代价是很昂贵的，昂贵得让我们一生都承受不起。所以，无论是别人误解我们，还是我们误会别人，都要学着为自己的行为负责，不要去后悔，后悔也解决不了任何问题，关键是让自己今后不要重复这样的错误。哪怕是别人的失误不小心伤害到了你，也要学会包容，学会忍耐，学会谅解，而不是去抱怨甚至怨恨。生活免不了坎坎坷坷，我们不妨用一种平静的心态去对待所有失误和误解，不必苦苦解释，因为，理解你的人不需要解释，不理解你的人越解释越误会，解释反而更添怨恨，很多时候会适得其反。还是那句话，走自己的路，让别人去说吧。

生活中，我们应该时时刻刻给自己的心灵留点空隙，让自己拥有一颗轻松自如的心。不管风起云涌，不管世事如何变化，都要学会在不自由中寻找自由。舒一舒眉，为自己的心灵“减刑”吧！世界上最恐怖的监狱并没有铁窗和围墙，是那些没有进监狱的人把自己关在心造的囚笼里，不肯自我减刑、自我赦免。除了自己，没有人能让你恢复自由。

善待误解吧，心灵的阳光，哪怕其光微弱如初春的残阳，但只要积以时日，总有一天会融化覆盖在我们心中的冰雪。

第二章

放下与提起

让豁达带你走进彩虹的世界

实现了豁达与宽容，我们自然会放松下来，从而洋溢出一种人格的魅力。

大海的无垠，可以开阔博大的胸襟；浪涛的汹涌，可以塑造顽强的性格。豁达，是最令人羡慕的性格。豁达者，不分显贵豪富和地位高低，都能洒脱快乐。

豁达是一种大度。当有人当众侮辱了你，你不会记恨他；身边的人做错了事，你不会喋喋不休地抱怨；当有人“捅”了你的“壁脚”，揭了你的短，你不会报复。其实，宽容别人，体现的是自己的伟大和高尚。海纳百川，有容乃大。没有宽广的胸怀和气度，是很容易流于琐屑与平庸的。而实现了豁达与宽容，我们自然会放松下来，从而洋溢出一种人格的魅力。

豁达是一种坦荡。心灵像一汪碧泉，清澈见底，容不得半点污秽和虚伪。只要坦坦荡荡，活得潇洒，常存感恩，就不会愤恨。眼界阔了，心胸广了，就不会在任何人面前说愁，因为没有了琐事的羁绊和缠绕，身心也就获得了解放，自有一片自由的天地任你驰骋。

豁达是一种豪爽。每个人都希望自己的每一天都开开心心、顺顺利利，可是既然是生活，就难免有一些小波澜、小浪花。在这种情况下，斤斤计较会让自己的日子阴暗乏味，胸襟豁达却能让我们每天的生活充满阳光。不论生活有多少磨难和坎坷，豁达都能驱散生活中的痛苦和泪水，让我们的脸上永远洋溢着微笑。

豁达是一种自信。人间三千事，一笑皆了之。生活中充满着竞争和拼搏，而豁达者面前永远没有失败，因为自信就是成功的第一要诀。我们要相信自己是生活的主宰和掌舵者，而不为一时的得失丧失生活的勇气和信心。所谓失败是对人生的失望，只要有信心，努力地去活好自己的每一天，前途就是光明的。

豁达是一种修养。凡是豁达的人，都注重修身养性，深明人情世故，性格开朗健谈，始终保持着一颗平常心，宁静致远，淡泊名利，不慕荣华，不媚权贵。豁达是一种智慧。豁达的人，知书达理，阅尽人间沧桑，洞悉世间百态，宠辱不惊，临危不乱。生活中，有的人为了蝇头小利而斤斤计较，有的人因一时遭遇挫折而痛苦。豁达的人却能以超然的态度，从容不迫地应对，潇洒自如、游刃有余。

人类有这样一些通病：狭隘、小气、烦恼、忧愁、自卑、绝望、猜疑……而在豁达者身上，这些消极的心态是无法驻足的。

学会豁达，就会宁静淡泊，正视人生。笑看庭前花开花落，去留无意；静望天上云卷云舒，宠辱不惊。学会豁达，我们就会懂得宽容，心态平和。不因春风得意而自傲，不为逆境失意而沉沦，成败得失任人评说，坚信风雨之后有彩虹，寒冬过后是柳暗花明。

我们钦佩豁达，欣赏豁达，我们更要恪守豁达。

再见了，悲伤

有的人把生活酿成了苦酒，天天都在吞咽自己的不幸，让岁月的长河变成了无尽的苦海；有的人把自己的生活酿成了美酒，天天都在品味生活的甘露，百年的时光被打磨得光彩熠熠。

人生如月，月满则亏，凡事怎能尽如人意？生活中，每个人都会有很多烦恼。有时，一点点小事就让我们烦恼不已。其实，很多事情并不值得烦恼，可是很多人常常会深陷其中，不能自拔。但是，不论发生了什么不愉快的事情，我们都要学会不去烦恼，因为烦恼比岁月更容易催老容颜，甚至会影响我们的心境，增添我们身心的负担，破坏我们的人际关系。所以，我们要学会告别烦恼，和不期而至的烦恼挥手说再见。

告别烦恼，不是说就没有烦恼了，其实让人烦恼的事情有很多，自己身体不舒服、工作不顺心、亲人生病、被朋友误解……这些都是烦恼的理由。然而，关键不在于烦恼是怎样产生或是怎样无孔不入，而在于我们以怎样的心态对待它。遇到烦恼，不妨及时调整好心态，让烦恼和我们擦身而过，向烦恼挥手道别。告别烦恼，就是敞开心扉，让阳光充溢，快乐度过每一个日子。其实，生活中，外在的事物并不能对我们起什么作用，唯一能起作用的便是我们的内心。烦恼常常是拿别人的错误来惩罚自己，一个人只要心胸宽阔，心胸豁达，积极地看待问题，就会少了很多烦恼，就可以轻松愉快地度过每一天。

告别烦恼，就是告别一个又一个让心情可能变得晦暗的日子。烦恼常常让我们的双眉深锁，满面愁容，心情郁闷，也因此让生活里流失了许多的快乐，平添了生命的负担。如果我们能学会用智慧去看透烦恼的本质，就会发现开心和烦恼就好像是手心和手背，只要我们能转换角度、转换立场来看待问题，就可以把原本的烦恼转为开心，就可以把那些因为不好的心情而导致的“阴天”转为阳光明媚的美好日子。

如果遇到了不如意或不顺心的事，我们要尽量学会不去抱怨，抱怨是在延续已经过去的不愉快，诉说会把烦恼放大，我们可以用沉默来平静自己高涨的神经，让时间来把一切抹平。任何烦恼都抵不住岁月的侵蚀，随着时间的流逝，烦恼也会渐渐淡化，所以心情不好时，不要让消极情绪控制了自己的思想。如果学会从一个积极的方面来看待问题，坚信再糟糕的情形下也会有积极可取的地方，那么，不好的心境很快就会成为过去，并且像一阵轻烟，了无痕迹。

告别烦恼，就是握住幸福的每一刻。生活的确很平淡，甚至很琐碎，但只要我们用心去体会，就会发现幸福常常就藏在这琐碎的点点滴滴里：临出门时亲人的一句嘱咐，千里之外朋友的一句亲切问候，劳累时同事送来的一杯白开水，过节时收到的一声声祝福……这些平凡的日子里无不蕴含着他人的关心和爱护。与其记住那些不开心，不如铭记这些简单却真实的幸福，握住每一刻幸福的时光，就像握住花儿的芬芳，让它的芳香漫延到岁月的每个角落。

其实，生活就是一壶酒，每个人都是自己生活的酿酒师。有的人把生活酿成了苦酒，天天都在吞咽自己的不幸，让岁月的长河变成了无尽的苦海；有的人把自己的生活酿成了美酒，天天都在品味生活的甘露，百年的时光被打磨得光彩熠熠。

告别烦恼，和悲伤说再见吧，我们要让自己生活在一片阳光里——拥有阳光的笑脸、阳光的心态。如果天空刮起狂风，那么就在这飓风里成长我们的坚毅；如果天空下起大雨，那么就在暴雨中欢快地唱歌，让雨水来滋润我们的心田；如果天空飘落雪花，那么就让我们在这皑皑的银色世界里与飘雪一起飞舞，舞出生命的精彩。风雨过后，依然会是阳光明媚，万里晴空。与其在烦恼中苦苦挣扎，不如洒脱地挥手再见，告别烦恼，告别悲伤，我们阳光的笑脸依旧，阳光的心态依旧。

让悲伤去漂流

快乐是一种心境，它和生命的形式无关，保持乐观、满足和豁达的心态，快乐就会永远围绕在我们的身边。

活着真累，有些时候，我们会禁不住这样感叹那些不顺心的日子。我们也总感觉活着真烦。可是，在寻找了千百种理由之后，当我们蓦然回首曾经走过的那些岁月，也许会发现，其实生活赐予我的，并没有与别人有什么不同，不同的仅仅是我们的胸襟中缺少一份“坦然”。

那些假日的钓鱼者，一大早出门，在夕阳的余晖中，拎着空空的鱼篓回家，一路上却留下欢声笑语，因为他们钓回的不是鱼，而是快乐。

那些早出晚归的农民，在晚霞的辉映下回家，那张写满疲倦的脸上却洋溢着朝霞一样的笑容，因为他们播下的是希望，收获的是快乐。

懂得快乐、善于快乐实在是一种智慧，一种气度，一种气魄。无论过程是坎坷还是顺利，无论结局是成功还是失败，只要用豁达、乐观的心态去走自己的人生路，只要我们在顺境和逆境中都能找到快乐，那么无论怎样的人生都是美好的人生。

失败是一种人生经历，这种经历会使我们成熟，如果说一个人的成熟必须历尽沧桑的话，那么我想，沧桑就是一种美丽。

快乐是一种心境，它和生命的形式无关，它和得失成败无关，它和财富多少无关，它和朋友多寡无关。满足，产生快乐；豁达，拥有快乐。保持乐观、满足和豁达的心态，快乐就会永远围绕在我们的身边，幸福就一直与我们为伴。

快乐是什么？快乐是每一位母亲忙碌的身影，快乐是每一位父亲慈祥的声音，快乐是每一位老师真心的称赞，快乐是我们生活中的每件小事，是人与人相处中的点点滴滴。快乐是一种心理感受，是否快乐掌握在我们自己的手中。

假如太阳不快乐，我们就不会有一个阳光灿烂的白昼；假如月亮不快乐，我们就不会有一个明月皎洁的夜晚；假如星星不快乐，我们就不会有一个繁星闪烁的星空。我们本来就生活在一个快乐的世界中，没有什么理由不快乐。我们每个人都有一颗快乐的心，当我们烦躁、郁闷、忧伤、苦恼的时候，不妨到灿烂的阳光中去晒晒太阳，到皎洁的明月下去欣赏月光，到闪烁的星空中去数数星星，到快乐的大自然中去找回我们的快乐。

如果遇到挫折，与其悲伤，不如坚强，在坚强中疗伤；倘若生活欺骗了你，与其愤怒气馁，不如奋发进取，在奋发中强大；倘若你事业未成，与其埋怨，不如实干，在实干里进取，默默地埋头苦干；倘若你的才华得不到承认，与其诅咒，不如坚忍，在坚忍中积蓄力量，默默耕耘。人生中，快乐是需要理由的，不快乐也是需要理由的。每个人都有自己快乐的理由，也有自己不快乐的理由。关键是，你是否主动去寻找那些快乐的理由？紧紧抓住不快乐的理由，无视快乐的理由，就是你总觉得难受的原因了。

很多事情要学会该放就放，当止则止，我们才能在轻松快乐的节奏中收获真正应该属于自己的那份成功。把一些无谓的痛苦扔掉，快乐就有了更多、更大的空间。

心灵的房间不打扫就会落满灰尘。蒙尘的心，会变得昏暗和迷茫。我们每天都要经历很多事情，开心的、不开心的，都在心里安家落户。心里的事情一多，就会变得杂乱无序，然后心也跟着乱起来。有些痛苦的情绪和不愉快的记忆，如果充斥在心里，就会使人萎靡不振。所以，扫地除尘，能够使黯然的心变得亮堂；把事情理清楚，才能告别烦乱；把一些无谓的痛苦扔掉，快乐就有了更多更大的空间。

不管昨天发生了什么，不管昨天的自己有多难堪，有多无奈，有多苦涩，都过去了，不会再来，也无法更改。就让昨天把所有的苦、所有的累、所有的痛远远地带走吧，让所有的悲伤去漂流。今天，让我们收拾心情，重新上路！

收拾心情，重新上路吧，轻松的旅程将伴随着愉快的收获与我们一起度过人生的每一段岁月！

梦里花落知多少

留一份坦然，持一份从容，忘记曾经的遗憾吧，内心不灭的希望加上勤奋和努力才能成就未来。

时光流逝，往事如烟。我们每个人从呱呱落地，赤裸裸地降临到人世间，便开始了跌宕起伏的人生旅途。

花开花谢，缘聚缘散，这一切的一切只不过是自然规律罢了。随着时光的流逝，在生命中刻下道道痕迹，像是树的年轮，一圈又一圈……

回想逝去的岁月，锦绣年华谁与度？犹如鲜花一样，青春易逝，几度凋零。今年凋谢，明年的这一季，又将是尽情绽放的时节，只是我们那远去的青春，已被岁月的车轮重重辗过，如旧时冲洗的黑白照片，不着一抹色彩。

青春的印记，我们默默去怀念，去回忆。它们如暗夜里开在峭壁上的鲜花，有着寂寂的无奈。青春的脚印只能漫步在真实的一粥一饭里，而今，却成为风干的一片片树叶，转为过往岁月的一叠标本，让人终日凝眸。

偶然间掐指算算人生的岁月长河，我们也许已经艰苦跋涉了相当长的距离。意气风发、踌躇满志、指点江山、激扬文字的岁月是不是已经在岁月的阁楼里蒙上了尘埃？吹一口气，飞散的尘土迷了眼，流下的也许是泪。

时过境迁，过去的日子无法重来，我们何不卸下人生太多的遗憾，让不尽的思念染绿芳草天涯？

每个人都喜欢春天，赞叹春天，都喜欢花开的时节，但是，当春天远离时，却又不愿失去，不甘心失去。惜春常怕花开早，何况落红无数。几番风雨，花开花落，匆匆春又归去。一如我们的青春，是不容奢侈的，弹指间，便“长恨春去无觅处”了。

人有悲欢离合，月有阴晴圆缺，此事古难全。但愿人长久，千里共婵娟。

人世间无非如此。逝去的青春已经无法留住，但是，我们可以保留一颗永远年轻的心，怀一份天真，抱一种赤诚，去祝福亲人，祝福同事，祝福所有的朋友，祝福天下所有的人，珍惜美好生活，珍惜拥有的每一天。把握好生活中的每时每刻，共同度过那些难忘的瞬间。

或许，我们在经历了种种磨难之后，会发现自己在失去之后才懂得珍惜，那么不要再彷徨了，不妨勇敢地面对现实，接受上苍的所有考验，也感谢上苍所有的赠予。留一份坦然，持一份从容，抬头继续走下去，不经风雨怎么见彩虹，相信自己比相信任何人都要好。

忘记曾经的遗憾吧，我们的未来是美好的，内心不灭的希望加上勤奋和努力才能成就未来。努力加油吧！不要再伤感，不要再悲伤。抛掉虚伪，接受现实，发挥自己的特长，弥补自己的缺陷，才会让自己的人生更有意义。

把烦恼赶出家门

当我们勇敢地接受烦恼，不再害怕时，烦恼往往会悄无声息地离我们远去。

人生在世，总要遇到许多烦心事。小的时候，我们因为得不到称心的玩具而烦恼；学生时代，因为考试成绩不理想而烦恼；毕业后，因为找不到理想的工作而郁闷……可以说，烦恼伴随我们的一生。但是，人生短暂，烦恼并不是我们应有的生活，那么，如何对待随时都会降临的烦恼呢？

面对烦恼

生活中难免出现逆境，难免遇到沟沟坎坎，不顺心的事十之八九。我们总不能生活在困惑当中，被一时的烦恼所压倒。生活还要继续，时光还要一分一秒地过，遇到任何困难、艰辛、不平的事情，逃避是解决不了任何问题的。只有勇敢地担负起责任，用最积极、最有效的办法去正视烦恼，用强大的理智，用实际行动坦然面对它，才能真正在困境中获得解脱。

有时，我们深刻感受了烦恼之后，反而能解除烦恼。烦恼的滋味虽然是苦的，但也能成为灵魂的营养液。从烦恼中走出来，我们就能收获财富。烦恼后，我们能彻悟许多东西。深刻的认知往往来自烦恼后的反思。烦恼和痛苦是我们人生的导师，这也就是“烦恼即菩提”的真实内涵。

不管面前是什么样的烦恼，我们都该乐观地去面对，去克服。不妨笑对烦恼，把烦恼只当成一段美妙曲子中的小插曲，使它不再那么恐怖。

接受烦恼

烦恼是一杯苦酒，可在生活中又肯定会出现。不要害怕烦恼会让我们经受痛苦，更不要担心我们无法摆脱烦恼。烦恼来时，逃避只会让自己更加烦恼；把烦恼转嫁给别人，到头来常常是自寻烦恼；把烦恼流放到云天沃野，我们最终会感到人生处处充满烦恼。而当我们勇敢地接受烦恼，不再害怕时，烦恼往往会悄无声息地离我们远去。

人要健康，身体需要锻炼；人想坚强，心灵更需磨炼。我们在生活中经历烦恼，体味烦恼，感悟烦恼，它会使我们的人生更加精彩，引导我们走向更加成熟的境地。

要勇敢承认自己的无知，因为生活还有太多秘密；要自然地流露天真，因为读懂生活的全部含义需要更多的思考；要勇敢地反省自己的虚伪，因为是它毁掉了真诚，并使友爱之树失去生机……我们应该懂得生活并不全是鲜花铺就的成功之路，人生除了坦途还有暗礁。

烦恼让我们最终明白，如果人生注定要充满烦恼，那么，就高高兴兴地去面对、去经历。经历过后，我们才有可能不再重复同样的烦恼！

既然我们的一生甩不掉的总是烦恼，那就与烦恼和睦相处吧。或许，人生正因为有烦恼相伴，我们才会眷恋着这完美与残缺构成的一切吧！

放下烦恼

我们不喜欢提着重物走路，却为何喜欢带着烦恼生活呢？生活不会因我们的不愉快而改变轨迹，更不会回头重新来过。世间万物繁杂，诱惑很多，这是烦恼的根源。世界上的一切都不会因为我们的烦恼而有所变化，我们想得再多，也无济于事。世上本无事，庸人自扰之，烦恼都是自找的。要想清除烦恼，只有让生活简单化、心情简单化。

做任何事情不要在意结果如何，只要我们付出了自己应有的努力，人生就少了很多的遗憾。即使对结局一无所知，我们仍然能享受生活的每一天，这也许就是放下的智慧，放下就是快乐。

人生须尽欢，但不如意者有千千万，烦恼由心生，烦恼会使我们的心灵负担过重，“为伊消得人憔悴”，转眼间年华老去，空叹人生悲切。有句话说得好：“怀着忧愁上床，就是背着包袱睡觉。”那滋味确实不怎么好受。所以我们才要放下烦恼，开心生活。

微笑吧，微笑是心灵绽放的花朵。心里装满阳光，我们的微笑就会透着阳光的灿烂，散发着阳光的芬芳。放下别人，然后放低自己，就会得到快乐的生活。当我们放下心的负累后，就会觉得这世界其实很美好，就会发现原来快乐就在我们眼前。

赶走烦恼

快乐和烦恼相伴，幸福与痛苦共存。快乐取决于一种平和的心态。拥有一种荣辱不惊、去留无意的心态，就会赶走烦恼，生出许多快乐。快乐是相对的，再快乐的人也会有烦恼。人不是生活在真空中的，矛盾总是层出不穷，旧的烦恼排除了，新的烦恼又会出现，关键是要学会在矛盾中摆脱自己，在烦恼中解放自己。我们不妨少一点自私，多一些宽广；少一点算计，多一些坦荡；少一点忌妒，多一些宽容。控制我们的情绪，升华我们的思想，让它升华为一种风度，一种能力，一种修养，一种境界。

人生很长，得与失，输与赢，荣与辱都要看淡一些，别给自己的烦恼找借口，要知道，快乐不是上天恩赐的，也不是金钱买来的，快乐是自己创造和争取来的。为了追求快乐，让我们忘掉名利，忘记年龄，放弃虚荣，多和快乐的人在一起，多给烦恼的人一些微笑吧，那就会让大家都变得快乐起来。

人生的烦恼是自找的，不是烦恼离不开我们，而是我们撇不下它。我们要学会全面、多角度地看问题。兴趣狭窄，追求单一，目光就放不远、放不宽，往往会一叶障目，夸大不顺利的一面而时时为烦恼所困。假如能扩大视野，辩证地看待问题，自然也就不会太为一时的得失而愁眉不展了。

生活中的烦恼无处不在，但走出烦恼的方法有很多，最重要的是心胸开阔。让我们用看淡一切、包容一切的生活态度去摆脱烦恼，走出烦恼的阴影，挣脱烦恼的束缚，学会把烦恼赶出自己的家门吧！

花开花谢两无言

只要我们不被宠辱牵绊，不因一时的成功而自鸣得意，那么，无论云卷云舒，我们都拥有一片自由自在的万里晴空。

岁月蹉跎，季节轮回，人在红尘，世事变幻。人人脚下都没有一帆风顺的路，艰难困苦时刻都会降临，我们无法预料生死，无法预知身后，无法知晓高山后面是溪流还是大海。人生的变数很多，得到鲜花，我们需要淡定平和；得到棘刺，我们需要安之若素；得到疾风骤雨，我们需要镇静从容地去面对；得到深深的伤痛，我们也只需要轻轻一声叹息。

无论是春光明媚，还是夏阳灼灼；无论是秋雨淅沥，还是寒风彻骨，都需从容面对，成功不必张扬，失败不必沮丧，都只是一种经历。也许曾经壮志飞扬，最终是凋零了梦想；也许曾经豪情万丈，最后只剩空空的行囊，但是这跌跌撞撞走过的旅途早已是暗香浮动，一路芬芳。

如果热爱生活，就不应为生活所累，应该欣赏生活，享受生活，感知春天，感知自然，感知心灵，感知美丽。成功也罢，失败也罢，世界依旧容颜未改。星星还是那颗星星，月亮还是那轮月亮，天空还是那片天空。桃李还是迎春而开，秋菊还是傲霜而放，蜡梅还是凌寒而立。春雨还是绵绵润万物，秋风还是萧萧飘落叶，冬雪还是皑皑覆大地。或许你是惆怅满怀孤独行，在十字街头形单影只，徘徊迷茫，抬头仰望，天空依旧是繁星点点光灿烂，明月皎皎色如水；或许你是春风得意马蹄疾，在人生坦途踌躇满志阔步前进，侧耳细听，窗外依旧是雨打芭蕉声声脆，风吹百花朵朵凋。

曾经有人问大发明家爱迪生："你一生中最值得回忆的是什么?"爱迪生回答说："最值得回忆的是我无数次对失败的超越，是我面对挑战从不动摇信念的意志，是我有一颗从不向困难低头的心！一个人的生命最美丽的时候，不是在他享受成功鲜花的时候，而是在他默默奋斗和经受命运考验的时候!"的确，我们的生命是自然的花朵，是岁月的果实，所以更应该用自己的奋斗来展现生命的美丽。

不需多说，只需多做。生命的美丽永远展现在它的进取之中，大树的美丽展现在它负势向上，高耸入云的蓬勃生机中；雄鹰的美丽展现在它搏风击雨，如苍天之魂的翱翔中；江河的美丽展现在它波涛汹涌，一泻千里的奔流中。只要我们不被宠辱牵绊，不为得失挂碍，不因一时的成功而自鸣得意，也不因一时的失败而气馁伤心，那么，无论云卷云舒，我们都拥有一片自由自在的万里晴空；无论花开花谢，我们都拥有了一个美丽的生命。

当我们把眼神从繁华中移开，把心绪从纷乱的世事中拉回，细心地去品读生活时，就会发现人生到处是美丽。也许一片飘飞的落叶能让我们感悟生命的来去从容，也许一场忽至的夏雨会让我们明了人生原本就是阴晴有时，也许一处新绿的萌芽会让我们升起对未来的美好憧憬，也许一片轻舞的雪花会为我们拂去岁月的尘埃，带来心灵的洁净。

花开花谢两无言，云卷云舒万里天。梦想填充了生命的许多遗憾。无论走过怎样的路，我们都无须抱怨，抱怨有损风度，真正输得起的人从来不说“后悔”二字，其实，人生就是在对对错错、沉沉浮浮中迂回前进的。走过风雨沧桑，我们会渐渐看淡人生的沉浮凉薄，看破旅途中的烟雨红尘。万丈青云沉淀下来的也是泥土，千年繁华浮升起来的也是泡沫。走过孤独，走过寂寞，走过不被理解，对与错、成与败都在无言中。开固欣然，谢亦无憾，一任辉煌与苍凉同在东风里飘散；舒固逍遥，卷亦洒脱，且看得失与成败在历史天空里皆成过眼云烟！

人生如寄

生活在顺境里，要学会沉思；生活在逆境里，要学会进取。把一些无谓的痛苦扔掉，快乐才能有更多更大的空间。

岁月如梭，人生就像一趟列车，轰轰烈烈地开过人世间。

山花烂漫之时，并不曾想有人欣赏，它的绽放只是生命自然的释放与展示；白云悠闲地飘过，它把它的美展现给了蓝天；日月星辰微笑着在天空闪烁，它把它的精彩释放给了宇宙。溪流叮咚吟唱，并不奢望谁的赞美，也不奢望谁的应和，那只是它寂寞中抒怀的歌唱，让生命远航。落叶飞花，并没有悲伤与彷徨，就像一场倾情的舞蹈，它只是渴望把满怀的热情凝于舞蹈的整个过程，如同人生中最为辉煌的演出。

人生不也应如此吗？纷纷扰扰的红尘变迁，从不会以哪一个人的意志为转移，历史的洪流滚滚向前，从不会以哪一朵浪花来决定它的方向。行之在我，成之在天，我们只需努力为自己打拼出一片天空，并享受这打拼的过程就够了，还要求什么呢？

生活在顺境里，要学会沉思；生活在逆境里，要学会进取。没必要把命运当作生活的负担，每一朵花的开放都有命运的力量，每一片绿叶何尝不是生命的诗篇？烦恼的时候，我们要学会给心灵扫尘除垢，让灰暗的心变得亮堂。烦恼不是任何人给的，也不是谁强加给自己的，要想抛却烦恼，还是要从自身找原因，理清了头绪，烦恼也就无影无踪了。把一些无谓的痛苦扔掉，快乐才能有更多更大的空间。当自己的心变得阳光起来，人间的悲也就不叫悲了，人间的愁也不足为愁了。

每个人都不过是生命中的匆匆过客，不管你平凡还是伟大，学会给命运鞠个躬。人心复杂，世间冷暖，不过就是一年四季的轮回，真正的人生应该充满快乐，在心底保留一份田地，用来听取别人的批评和意见，就算生命匆匆，一样风景无限。

人生如寄，一切都将过去，没有人能在岁月中划出永恒不灭的痕迹。不管你是意气风发，还是平淡落寞，都将被收罗在历史的尘埃中。流云过千山，本就一场梦幻，只要不被生活的烦恼笼罩，你的脸上就会经常挂着微笑。

梦醒时分

人生就是一个圆，起点亦是终点，虽然我们很难活出一个完美的圆周，但我们可以让人生的曲折之处趋于完美。

岁月已然消逝，就好像一阵风曾经轻吻过我们的脸庞，留下了或轻或重的痕迹。毕竟有些事是时间和空间都无法修复的，人生就是在希望与失望中，完成了一次又一次成熟的蜕变。

人生在世，我们很难有众人皆醉我独醒的胸怀。但是，看不透世界没有关系，看不透人生没有关系，哪怕看不透自己也没有关系，只要让自己不在仇恨中堕落，不在烦恼中沉没，不在黑暗中生活，不在无明中泯灭就好。

那些曾经难以释怀的仇恨，就让它随风飘散，飘散在遥远的天际吧！不要企图再去把它抓回手里，何必让仇恨折磨自己。那些所谓的烦恼，也不过是自己在平淡的岁月中徒添的无聊，这种无聊不要也罢。

当我们还在为没有做完的家务烦恼时，应当庆幸，我们还有一个温暖的家；当我们还在为邻居的蛮不讲理生闷气时，应当感谢他磨炼了我们的性格，让我们更具人格魅力。其实，人生就是在悲喜中轮转，在苦乐中交替，拥有了一个好的心态，就拥有了幸福。

人生经历了低谷没有关系，因为长夜漫漫总有黎明，冬天过去总有春天。人生就是一个圆，起点亦是终点，虽然我们很难活出一个完美的圆周，但我们可以让人生的曲折之处趋于完美。时时刻刻让人生保持一份活力、一种热情、一股干劲，让我们的生命活在最美的春天吧！

心在冷暖间

生命里最需要的不是金钱，也不是地位，更不是声名、权势，是人与人之间的关心爱护。

红尘滚滚，波涛万顷。红尘中的我们在如水的岁月中经历着生活的坎坎坷坷，心路也是起起伏伏。我们的心随着外界的变化乍喜乍悲、忽冷忽热：被关心了，被帮助了，心就温暖；被冷淡了，被拒绝了，心就寒冷。得到了，笑靥就像春日里的花儿一般热烈绽放；失去了，泪水就像夏日里的江水一般决堤千里。

有时，我们吃过一回亏，受过一次伤，就认定这个世界冷酷无情，然后就以此作为自己冷漠、自私的理由。可是，扪心自问，并不是自己每一次的不快乐都是他人造成的，并不是每一次的愤怒都是理应如此的，我们的烦恼更多来自于自己的狭隘、无知、忌妒，但是，我们总是找种种借口去发脾气，去埋怨他人，去伤害他人。

如果我们自己在凛冽的寒风中感受过凄冷，在曲折的道路上体会过艰辛，在变幻的人情中饱尝过冷暖，那么，我们更应该明白，这个世界是多么需要爱，人与人之间是多么的需要理解、关心、帮助。如果经历过人世间的种种磨难，那么我们更应该感谢命运，感谢生活，因为是这些经历让我们明白了生命里最需要的不是金钱，也不是地位，更不是声名、权势，是人与人之间的关心爱护。

人生要靠你我相互支撑来共同抵挡风雨来袭，世界要靠你我相互的支撑来携手渡过难关。悲欢离合，我们共同支撑，阴晴圆缺，我们共同支撑。只要心中有爱，就一定可以走过人生所有的彷徨；只要心中有爱，就一定可以迎来岁月里最美的霞光；只要心中有爱，生命里最美的花朵就会次第绽放。

人间过客

人生的意义并不在于如何生，而在于自己怎样活。

世间万物，生死轮回，白云苍狗，沧海桑田，曾经多少诺言都化作流云，曾经多少承诺都成为一汪秋水。百年人生匆匆而过，谁是谁的主？谁是谁的客？谁能长住虚空？谁又能把眼前的一切据为己有？

人生有时短暂得就像一片树叶，从发芽到陨落便是一生。不同的是，树叶在荣枯之间，默默地付出奉献着，一生一死，都用自己最微弱的生命，向枝干，向世界，执着地表达着自己的情意。而人生在世，一样也会老去，即使如梦如幻，人生也只有一次这样做梦的机会，何不好好把握？在泪水中希望，在绝望中振作，努力奉献，努力奋斗，坚守对命运的承诺。就算是一个过客，对未来依旧保有一份坚强和不屈的执着，就算是一个过客，也要精彩地活着，因为活下去才叫人生。

人生的意义并不在于如何生，而在于怎样活。如果你甘愿活在白日做梦中，那谁也无可奈何。但是如果你发奋振作起来，努力寻找并创造自己生命的意义，那么你活一日便有一日的精彩，做一事就添一事的光辉，生命的价值也就在无形中提升了。

东来西往皆过客，散去故事渺如烟。岁月是一个轮回，生命就是一个接力，是一个渐行渐远的过程，如同朝霞与落日，但是仍要切记，让每一次的不愉快遗忘在日落之前，让每一天的快乐开始于晨曦之中，匆匆过客，不要让心灵在寂寞中枯萎。

百年人生犹如四季，有春的激流，夏的奔放，秋的沉思，冬的寥落。美也好，丑也罢，只是一次轮回。偶尔的一转身，一回眸，就会发现往昔执着的人和事，在滚滚红尘的车轮下早已无声无息地化为缕缕烟尘。不如就真真切切去感受生命带来的喜怒哀乐、爱恨情仇、成败得失、荣辱沉浮等，经历它，体味它，如果能从中体悟出人生的真谛，也不枉我们来一回人间。

笑对沉浮轮回

这个世界没有人能事事顺心，酸甜苦辣都是生活的必需，与其被动接纳痛苦，不如主动放弃悲伤。

淡然宽怀看春秋，人生需要从容。路有升沉进退，人有悲欢离合。从容，才能走远路，不怕万水千山；从容，才能干大事，才能敢于倒海翻江、扭转乾坤；从容，才能临危不乱，举棋若定，化险为夷；从容，才能善待自己，善待生活，善待人生，善待生命。

从容是一种生活态度。面对浮躁忙乱、追逐物质和感官享受的社会，不要被他人的钩心斗角、搬弄是非、骄横跋扈、敷衍了事所左右，我们不妨在自己的心里开一扇窗，学习一下淡泊和从容，欣赏一处真风景，留住一份真性情，养育一份真智慧，保持一种乐观向上、从容豁达的生活态度。其实，很多时候，烦恼、忧愁都是我们自找的，若跳出人我是非之外，便有了一份清闲和自在。

从容是适应社会的最好体现，是一种修养，一种气质，一种境界。生活中，有许多事情如果换一种思维方式就是另一种境界。不以物喜，不以己悲，有很多事情不值得去计较，但是要在意其原委，找出问题所在，才能游刃有余地解决困难、平抑矛盾，找到最佳的成功结合点。因此，从容是一个人的睿智与大度。这个世界没有人能事事顺心，酸甜苦辣都是生活的必需，与其被动接纳痛苦，不如主动放弃悲伤。从容是人生的一种坦然，是对生命的一种珍惜。从容可以放飞心灵，可以还原人的本性。从容可以使人真正享受人生，在努力中体验快乐，即使遭受挫折，也能保持乐观。从容可以使人远离名利和喧嚣，在别人都忙于追名逐利时仍坚守宁静，在淡泊中充实自己、超越自我。那些在人生道路上历经坎坷却仍然从容对待，不断取得成就的人，会让人产生敬意。

从容是一种对生命的深刻理解。生活就是些简单反复的事情，没有谁每天都在经历着轰轰烈烈的大事，没必要给自己太多压力，一定要写些意义重大、深入人心的话题。能在琐事反复的过程中创造自己的不同，能在平凡的生活中体会到不凡，在忙碌的生活中找到自己淡定从容的心，那就已经很了不起了。

时间对任何人都是公平的，生老病死的自然规律是任何人都无法抗拒的。既然逃不掉，那就要从容面对、坦然面对，精彩地活着，从容地老去，即使是流星，也要以优雅的姿态划过岁月的长河，留下一份淡定和从容，用心底满满的安心与笃定笑看人生。

从容是历经沧桑、阅尽浮华、洗尽躁动后的返璞归真，是一种源自内心深处的豁达与乐观。从容是平凡者的坦然，涉步人生，既不戚戚于贫贱，又不汲汲于富贵，便自会有一份随心所欲的舒坦。

人生逆境时不妨淡然处之，顺境时也不妨去坦然面对。生活总会让人品尝到其中的五味，就把它当成生活的馈赠，坦坦然然、从从容容、不卑不亢、勇敢地笑对人生。

别太在意别人的评价，让自己活在别人的言论里。别太在意结果，也不要太追求完美，生活就是一个过程，只要努力了，就会获得属于自己的成功。活着，不是为了让别人喝彩，只要自己的那片天空没有阴霾，就会给你周围的人带来光明。

其实从容是一种简单，但绝不是浑浑噩噩、得过且过的简单。有人急功近利，有人易怒易火，更有人喜欢怨天尤人，而从容的人会把复杂的事情变简单，处理起来得心应手、有条不紊。从容可以带来心灵的宁静，可以造就恬淡的人生，可以获取风雨过后的绚烂，可以拥有真正精彩的人生。清幽岁月，让我们用一颗平常的心坦然面对吧！

为生命喝彩

包容一切，开心生活，心胸豁达，看淡一切。要度过这丰富多彩的人生，需要智慧和战胜所有苦难的勇气。

又是一个春天，岁月静静地流去，生命周而复始地循环，花谢了又开，大自然好像是在诉说生命的真相，又好像什么也没有说。一切一切，山重水复，柳暗花明。

生命中的生离死别是亘古循环的过程。生命却又那么真实，所有的不幸和伤痛都是必须去经历的一场苦旅。

生命是脆弱的，脆弱到被自己的心魔击败而萌生绝望，经不起任何打击；生命又是坚强的，坚强到可以战胜任何灾难，只要有一丝的气力，也会迸发出勃勃生机。

生命是无常的，我们永远也不知道下一刻会发生什么。因为一念之差，就会有不同的结果，生死存亡就在一呼一吸之间。

生命是有序的，我们要遵循它应有的轨迹，不能逆潮流而行。你若违背了自然规律，只能遭到大自然的惩罚，招致不必要的苦果。顺应时代，顺应潮流，才能更好地适应社会，适应生活，才能使生命得以延续下去。

生命是个抽象的概念，却赋予了躯体最深刻的灵魂。因此，生命也获得了无限绵长的含义。

生命需要我们去感悟，感悟生命存在的真实内涵。生命中有悲伤，生命中有无奈，生命中有风风雨雨和冰雪的洗礼；生命中有彩虹，生命中有恬淡的愉悦，生命中也有欢声笑语。所有的一切都使生命愈加丰富多彩。要度过这丰富多彩的人生，需要智慧和战胜所有苦难的勇气。人类之所以有痛苦和伤悲，之所以有烦恼和忧郁，很多时候是因为自己的内心存在着障碍，看不透事物的本质，被外在的假象所蒙蔽。

生命需要我们去体会，体会它的真实意义。我们对事业是否成功有着不同的理解，不是拥有了百万千万财富才算成功。小草平凡，却无私地奉献着绿色，体现着忘我的精神。我们只要付出了努力，为此流了汗水，就是属于我们自己的成功，生命的成功在于经历。少一些奢求，少一些欲望，多一些知足，多一些奉献，生命才会更加健康而有意义。

生命如此可贵，需要我们格外呵护和珍惜，亵渎生命是最大的无知。包容一切，开心生活，心胸豁达，看淡一切，坦坦荡荡，放飞自己，去展现生命特有的魅力。为生命喝彩，为别人喝彩，同时也别忘了为自己喝一回彩。

凡事都往好处想

凡事都往好处想，不管人生有多少风浪，你都会成为一个欣赏四季风景的人。

凡事都往好处想，我们就会以镇定从容的心情享受生活。在生命的过程中，有轰轰烈烈的伟大，有朴实无华的平凡，有义无反顾的执着，也有大起大落的悲壮。凡事都往好处想，我们就可以准确找到生活的角度，展示生命的风采。凡事都往好处想，我们就能乐观地对待挫折和压力。生活本来就是这样，有挫折，有艰辛，有苦恼，有困惑。我们必定遭受挫折，但美好的心态会让我们平静，让我们豁达，让我们自信。凡事都往好处想，就能看淡功名利禄。

凡事都往好处想，我们就能宽容地对待他人。对他人的批评与指责，有则改之，无则加勉。

凡事都往好处想，我们就能理智地对待自己，拥有一份自信，一份清纯，一份热情。

凡事都往好处想，我们还可以成为一个大度潇洒的人，一个善解人意的人，一个宽厚豁达的人，一个自信快乐的人，一个爱护自己、懂得尊重别人的人。不管人生有多少风浪，你都会成为一个欣赏四季风景的人。

宽容处世，雅量容人

一个人要想开创一番事业，就必须有恢宏的气度，能容天下的人才能为天下人所容。

人生百年，匆匆一回。我们走一回人生，不要希求可以改变什么。

善良的人留给这个世界的不会是诅咒，不会是怨恨，不会是烦恼。他们留给这个世界的只有慈悲、欢喜、祝福和平安。

敬人者人互敬之，助人者人互助之。可见，我们必须互相尊重、共同合作才能进步。个人的力量是有限的，合则两利，分则两害，人们必须互相合作才有更大的力量。假如一个人整天板着冰冷的面孔，自认清高，那谁愿意和他精诚合作，一起开创事业呢？这种人只有在离群而居、孤立无援的情况下度过寂寞的一生，不会体会到太多人间的温暖。

一个人要想开创一番事业，就必须有恢宏的气度，能容天下的人才能为天下人所容。凡是能干大事业的人一定要有容忍人的度量。我们为了事业上的成功，为了顾全大局，就必须有“宽容处世，雅量容人”的胸襟。别忘了，谦让是美德，容人同样是美德。

笑看荣辱沉浮，静观对错得失

有什么愁或恨值得我们用一生去为它苦恼，值得我们为了它而丢弃这一生的开心呢？

清代礼部尚书张英的家人修治府邸，因地界的问题与邻居发生了争执，两家在当地都是名门望族，谁也不甘示弱，张英的家人千里修书给张英，希望可以借助张英的身份、地位在争斗中获胜。张英知道此事后，便修书一封劝解家人，内容只有一首打油诗："千里修书只为墙，让他三尺又何妨。万里长城今犹在，不见当年秦始皇。"张英的家人接信后依照他的意思，在原地界上让出了三尺土地，以示不再相争。邻居看到张家这样处理此事，自觉也有不妥之处，遂仿效张家，也让出了三尺土地。于是两家之间便出现了一条六尺的巷道。一时间，两家处理问题的做法传为美谈，六尺巷的故事也被人广为称颂。

无论你有多少辉煌，有多少成绩，有多少繁华，有多少财富，百年之后，不也是归于尘土吗？“滚滚长江东逝水，浪花淘尽英雄，是非成败转头空，青山依旧在，几度夕阳红。白发渔樵江渚上，惯看秋月春风，一壶浊酒喜相逢，古今多少事，都付笑谈中。”

人世间的恩怨情仇、是非得失，如何对待？不妨一笑置之！生命是自己的，尊严是自己的，人生的质量是自己的，有什么恩怨情仇、是非得失不能一笑置之呢？有什么愁或恨值得我们一生为它苦恼，值得我们为了它而丢弃这一生的开心呢？能够开心地度过一生，才是质量最好的一生，快乐是生命中最大的收获。

人生在世不容易，百年风雨，有些辛酸，有些孤独，有些寂寥，要经历苦辣酸甜，这一生已是不易，为什么不让自己活得更轻松一些？为什么不让自己的这一生活得更简单些？为什么要用一生的岁月去背负着沉重的忧愁或怨恨，去走过这漫漫的人生路？忧愁烦恼，原本无聊，对错得失，何不一笑置之？

如果做不到开朗、豁达、包容、从容，那我们这一生就免不了烦恼和丑陋。如果这一生，我们不能学会无论大事或小事都豁达的一笑，包容的一笑，开心的一笑，那么这一生注定会烦恼。心胸不够豁达，容易事事计较，计较得失，计较对错，计较的同时会平添许多的烦恼，少了许多的快乐，在一堆琐事中纠缠不休，终日烦恼。

即使是个五官长得很端正的人，成天一副愁容，这样的人仍旧不会让别人感受到他的美丽，因为，谁也不愿意看到一脸愁容的人，谁都喜欢看到一个绽放着灿烂笑容的面孔。即使我们没有生得一副美丽的容颜，但只要我们不现愁容，对人总是笑脸相迎，那我们一样会充满魅力，因为我们的笑容是世界上最美丽的容颜。

如果这一生烦恼不断，那么这一生，也会病苦一生。心情不好会造成多病多苦，心情郁闷或是忧愁易怒的人，身体会受到心情的影响，容易生病，如果一生都是烦恼不断，那么，这一生也就病苦不断。

既然许多艰难注定经历，与其烦恼不堪，我们不如坚定地告诉自己："黑暗不是我的人生色彩，我只是在经历黑暗！"放得下宠辱，内心便收获一份安详自在。敞开心胸，微笑着面对生活，用乐观去面对一切困难，我们便会发现，无论是怎样的生活都很有意义，只要是快乐的人生就是有价值的人生。

幸福无声

不同的生活态度决定着你的快乐和幸福，健康积极的生活态度会给你的生命带来雨露的滋润，而消极悲观的生活态度会让你的生命更加的灰暗和苍凉。

人生百年，过客匆匆，我们行走在人世间，可谓风雨兼程，我们握紧双手，穿越许多世俗的风霜。凄风苦雨中并肩同行，有过泪和伤害的疼痛，也有过不离不弃的相伴和依恋。

人生在世，我们都喜欢阳光明媚的日子，但也必须经历黑夜的来临。有些人害怕夜晚的到来，有些人甚至会诅咒黑夜。我不这么认为，黑夜是大家的，是共有的，我们没有权利去诅咒它。换个角度看，黑夜也有它的美丽。

夜静静地躺在宇宙的怀抱里，轻轻发出甜甜的鼾声，此刻我们会感觉到自己的心跳，也能感觉到夜的寂寞之美，我喜欢这样的夜晚，静静地梳理自己的心绪，聆听自己的呼吸，感受生命的美丽，感悟生活的幸福。

常有朋友问我：幸福的味道是什么？幸福的感觉是什么？我也常常对他们说：“幸福的感觉其实就在你心里面。”我常常觉得，幸福是自己的，快乐也是自己的。在很多时候，我们常常把快乐幸福与别人相连，亲人的痛苦就是我们的痛苦，亲人的幸福就是我们的幸福，朋友的悲伤就是我们的悲伤，朋友的快乐就是我们的快乐，孩子的未来就是我们的希望，这些都是我们中华民族几千年留下的美德，是我们现代人应该遵循的一种生活准则和态度。

幸福的味道是什么？在我看来，能给别人幸福的人自己应该也是幸福的，因为这种味道只有自己才能感觉到。

幸福的感觉是什么？我一直以为幸福的感觉就是自己给自己找事做，自己给自己找快乐。记得有一句话这样说：“常记一二，忘记八九。”它是指记住生活中最快乐的一两件事，忘记生活中最痛苦的八九件事。这样你才可以有自己的一种生活态度，而这种生活态度会让你勇敢地生活下去，也会让你更加坚强和快乐。

“予人玫瑰，手留余香。”给予别人快乐比自己得到快乐更幸福。在朋友困难的时候给他一点帮助，他就会渡过难关，获得人生的幸福；在亲人痛苦的时候给他一丝丝安慰，他就会体会到幸福的味道。

幸福的感觉有时也是一种体验，不要以别人的态度来决定自己的心情，他人的冷漠不一定就是对自己的不满，自己开心、自己快乐才是生活的主题。自己开心、自己快乐才能给这个社会增添一份轻松和自在，也会把开心和快乐带给周围的人。

徘徊在幸福的感觉里，我们常常会有一种快乐健康的心态。因为幸福，所以简单；因为简单，所以平凡；因为平凡，所以有爱；因为有爱，所以幸福。

如果说幸福的感觉人人都有，这也许是一个谬论。世界上没有相同的人，也没有一模一样的幸福，世界上没有相同的爱，也就没有十全十美的幸福。其实在现实中，有很多的人都有着不同的痛苦和悲伤，生活的压力，生命的艰辛，每个人都有着或多或少的悲痛，就像没有完美的爱情一样，也没有完美的幸福。幸福是一种态度，它没有一定的方向，也没有不变的格言，它在自己的感觉里，它在自己的意念中，它在每一个人的心里。如果你感觉生活是美好的，那你就是幸福的，如果你感觉自己是快乐的，那你也是幸福的。不同的生活态度决定着你的快乐和幸福，健康积极的生活态度会给你的生命带来雨露的滋润，而消极悲观的生活态度会让你的生命更加的灰暗和苍凉。

选择什么样的朋友，就会选择什么样的一种生活方式，选择什么样的幸福感觉，就会有什么样的幸福理念。愿你的生活有幸福的感觉，愿你的生活有爱的奉献。

众里寻他千百度，蓦然回首，幸福的感觉原来在我们每个人的心里面。

相逢一笑

我们每个人的内心对过往的记忆都有一个过滤器，所不同的是有的人过滤掉了美好，留下的是仇恨；有的人过滤掉了仇恨，留下的是感恩。

岁月悠悠，时光如梭。我们已记不清邂逅过多少生命中的匆匆过客，也不能预知将来会发生什么事情。走过了风风雨雨，经历了坎坎坷坷，哪怕刻骨铭心的往事，也经不住岁月的冲刷。无论是开心的或是悲伤的，喜悦的或是愁苦的事，所有的经历都是财富，是酸甜苦辣、悲欢离合共同组成了我们精彩而丰富的一生。因此，我们没有必要用一脸的沮丧和愁容去面对生活中的一切，相逢一笑，温暖了他人，美丽了自己，也装点了这个世界。

相逢一笑是一种礼貌。生活中，我们会遇到各种各样的人，有的缘分好一些，我们见了会感到很亲切，微微一笑，会加深彼此的友谊。相逢时，若给对方一个很自然的微笑，可能就会摒弃前嫌，消除隔阂，化敌为友。与一个似曾相识的人不期而遇，不知该如何称呼，如何寒暄的时候，颔首低眉，嫣然一笑，顿时会营造出春天般温馨的氛围。相逢一笑，既是对别人的尊重，也是对自己的尊重。

相逢一笑是一种气度。我们生活在繁杂的人世间，必须和我们周围的人打交道，每个人有每个人的性格，我们没有权利要求他人怎么样，唯一可以改变的就是我们的心态，当我们面对那些一贯冷若冰霜、自恃清高、目中无人的人时，面对那些对我们冷嘲热讽、恶语相向的人时，面对那些有意无意对我们造成伤害的人时，粲然一笑，顿时就会化尴尬为自在，化干戈为玉帛。人间三千事，一笑皆了之。

相逢一笑是一种境界。世事洞明、人情练达。以宽容、豁达、成熟、圆融，去包容自私、狭隘、幼稚、尖刻；以淡定、从容、乐观、向上的心态，去面对金钱、名利、贫穷、孤独。人世间，每个人有每个人的酸甜苦辣，就在岁月静静流逝的空隙中，我们会不经意地遗忘，也会不经意地思念，有些是挥不去的雾一样的忧伤，有些是抹不掉的恩恩怨怨，也会有无法忘怀的爱恨情仇。当岁月流逝，回忆往事的一幕一幕，希望我们都能坦然，都能释然。人生旅途中难免遇到挫折，难免遭受打击，不论在工作中，还是感情上，也不论是在亲朋好友之间，还是同事之间，难免产生误解和纷争。请不要用加法给我们的过去增加负担，平添不必要的烦恼和仇恨，过去的已成为历史，已经变成了烟尘，不要让仇恨羁绊我们前进的脚步，因为，我们不是生活在过去，而是生活在当下，未来还有太多的不确定和风雨需要我们用“相逢一笑泯恩仇”的胸怀去迎接、去面对，我们生活和奋斗的目的是为了在这个过程中享受生活，享受快乐，去诠释人生的真谛，实现人生的价值。

我们心灵的温度决定了世界的冷暖。当我们以自私的眼光去看待世界、看待他人时，那么眼前肯定充满灰暗和仇恨，自私和狭隘将充斥我们的心灵。相反，当我们以感恩的心态去看待世界、看待他人时，就会发现世界的美丽，也一定会发现他人很多可学可敬的地方。如果我们的心中充满了仇恨，那我们对这个世界大抵也是挑剔而刻薄的；如果我们的心灵遍布阳光，那我们对待世界也一定是宽容而平和的。

其实，我们每个人的内心对过往的记忆都有一个过滤器，所不同的是有的人过滤掉了美好，留下的是仇恨；有的人过滤掉了仇恨，留下的是感恩。人生短暂，没有必要被所谓的恩恩怨怨、爱恨情仇所纠缠，坦然地去迎接每一天的日出日落，从容地去面对每一个花开花谢的季节更替，微微一笑，会使我们的生活更加精彩，开心的笑容会让我们的生活更加丰富多彩。

笑一笑，有多好

在人生的道路上，重要的不是我们的生命中经受了多少痛苦和喜悦，而是我们对待生命的态度。

人生在世，总会有烦恼相伴，总会有不如意事相随，愁眉苦脸是一天，满脸笑容也是一天，同样是一天，何必忧心忡忡、苦恼连连呢？笑着活总比哭着过要好得多！我们活的是一个过程，同样也是一种心境，这个社会就像一面镜子，你对它哭，它就对你哭；你对它笑，它就对你笑。人这一辈子，多笑一笑有多好！

其实，有生命就会有生命的痛苦，但也会有生命的喜悦。如果我们执着于生命的痛苦，我们的生命就会痛苦不堪；如果我们专注于生命的喜悦，我们的生命就会充满快乐。每天笑一笑，既缓解了心情，又缓解了压力。“笑”是最上乘的补品，有返老还童之功效。

当人们面对人生中的坎坷和痛苦时，总爱抱怨，抱怨自己没有时运，抱怨自己没有能力，甚至抱怨上苍的不公，于是他们放弃努力，拱手将胜利和成功交给了他人。他们之所以不能成功，是因为他们还不能做到笑对人生。其实，磨难和挫折是人生的财富，若没有苦难，我们就会骄傲；若没有挫折，成功不再有喜悦；若没有沧桑，我们就不会珍惜眼前的生活。因此，不要幻想生活总是那么圆满，生活的四季不可能只有春天。每个人的一生都注定要经历沟沟坎坎，品尝苦涩与无奈，经历挫折和失意。既然必须要经历，我们就没有必要躲闪或逃避，笑对人生是战胜磨难、走出困境的法宝。

有些人一遇到一些不顺心的事，就容易大动肝火，往往为一些鸡毛蒜皮的小事纠缠不休，最后一事无成。如果我们在一些琐碎小事上过分纠缠不清，对自己和别人过分苛求，追求所谓的人生完美，那是自找麻烦，徒增烦恼。其实，这世上没有尽善尽美的生活，也没有极乐天堂。当我们能够原谅自己和他人错误的时候，不愉快就会随之消失，快乐就会填满我们的整个生活空间。追求完美是一种崇高的精神追求，是在我们的内心世界里追求一种充盈和完美，让自己的内心世界没有污渍和瑕疵，看世界到处充满着美丽，也就让自己生活在阳光明媚的春天，所谓的极乐天堂也就在我们的内心世界里得到应验。但是，过分追求外在形式上的完美，很容易让我们在生活上走入死胡同，从而导致生活的紊乱，情绪的失控。如果放弃生活当中的完美，让自己的生活随意一些，洒脱一些，淡然一些，就不难发现，这个世界到处充满着美丽和欢乐，我们也就生活在微笑的天堂。

其实，世界美不美，生活好不好，关键在于我们是否能够走出“关”着自己的小屋。消极低沉、自私狭隘、自我封闭，会使我们的生命荒芜；积极向上、豁达开朗、热爱生活，即便是沙漠，也会成为我们生命的绿洲。

生活中，很多人觉得很累，过得很不开心。其实，快乐不快乐，只取决于我们的态度。快乐并不在遥远的天边，它就在我们的眼前，在我们的心底。快乐与忧愁一样，是人们与生俱来的情感。童真的孩子需求简单，吃饱了就笑，饿了就哭——没有多少事情可以烦恼和担忧，因而孩童总是快乐的。

记得有句歇后语道：胸口上挂钥匙——开心。这或许是在示意我们，快乐其实是一直在我们的心头上，关键在于如何激活——找到开心的钥匙。其实，钥匙就掌握在自己手中。俗话说“解铃还须系铃人”，自己的快乐当然得由自己掌握，由自己来做主。在人生的道路上，重要的不是我们的生命中经受了多少痛苦和喜悦，而是我们对待生命的态度。每天都有让人不高兴的事情发生，每天也都有让人高兴的事情发生。如果我们关注的焦点只集中在我们不高兴的事情上面，我们就永远快乐不起来。有时候事情很简单，同样的问题，从不同的角度去看，就会有截然不同的效果。同样，从不同的角度看人生，就会有不同的结果和心情，如果你选择了快乐，那么你就获得快乐；如果你选择了郁闷，即使是喜剧大师也无法让你开心。快乐不快乐是由我们自己来决定的，不能被别人的行为所左右。所以用我们的心来决定我们的一切和未来。每一天我们都可以做出决定，也许对日常生活中细小事情的决定和态度就能够改变我们的一生。

有很多烦恼和痛苦是很容易解决的，有些事只要你肯换一种角度，换一个心态，就会有另外一番光景。所以，当我们遇到苦难挫折时，不妨把暂时的困难当作黎明前的黑暗，只要以积极的心态去观察，去思考，就会发现，事实远没有想象中的那样糟糕。换个角度去观察，世界处处阳光明媚。

生活是美好的，充实是一生，颓废是一生，为什么不选择充实呢？快乐是一生，伤心是一生，为什么不选择快乐呢？

人生在世，我们要学会笑着面对，无论是苦涩还是无奈，无论是挫折还是失意，笑是一种勇气，一种处世方略，一种生存智慧。拥有微笑的人，能够心胸开阔、目光远大；拥有微笑的人，能够锲而不舍、不屈不挠。

面对生活当中的诸多烦恼和挫折，最重要的是要摆正自己的心态，积极地面对生活当中的一切。不要抱怨生活给了我们太多的磨难，也不要抱怨生活中有太多的曲折，更不要抱怨生活中存在着太多的不公。当我们走过世间的繁华与喧嚣，阅尽世事的沧桑，会幡然醒悟：再苦再累也要笑一笑，微笑着面对生活，我们的人生会更加美好。

未来会更好

没有谁能许你一个美好人生，只能自己对生活拥有执着的信念。相信未来会更好，这也是人生的动力和方向。

人生须臾，荣枯无常，在生活中，总会有这样那样的磕磕碰碰，也难免有迷茫和苦痛，心里会因一时的感触而感到冰凉，这很正常。但请不要因此就认定人生充满寒冷，不要放弃希望，相信明天一定还会升起朝阳，阳光一样温暖又舒畅。没有谁能许你一个美好人生，只能自己对生活拥有执着的信念。相信未来会更好，这也是人生的动力和方向。相信世界会更好，相信命运会更好，相信朋友会更好，假如连“相信”都不敢的话，那命运如何好起来呢？

我们在夜深的时候，把双手向空中伸去，那颗星辰总是遥不可及，我们想抓住美丽的星光般的命运，命运却总是如星光般可望而不可即。但是，人生应该像喷泉那样，即使只有一线希望，也要竭尽全力地追求向上。燕子去了，有再来的时候；杨柳枯了，有再青的时候；桃花谢了，有再开的时候。要相信未来，并且不懈地努力，生活才有可能更加美好。

因为心中怀着希望，所以秋意萧瑟里，寒潭风起时，我们不再顾盼，不再畏惧前路漫漫，流云飞转，飞过蕊心的震颤，舞过阳光下的律动，怀着对未来的希望，用自己的双手去抚触独一无二的生命。

看红尘，品岁月

人生很多事情无法确定它究竟是对是错、是好是坏，所以不如锻炼自己面对一切的从容与坦然。

世事无常，人事沧桑，几度沉浮，几度秋凉。秋鸿有信，季节到了应时而来，就像人生的许多事情，应处理的事要处理，乐观面对，积极努力。季节的尽头，多少往事都已静静远去，人间的许多恩怨情仇风来则应，风去不留，过去了就要放下，无须再去纠缠。

曾经所有的故事，即便清晰如昨，历历在目，时光终究会把它们隔断成永远无法企及的距离。岁月不仅会苍老我们的容颜，也会苍白所有的往事。苦与乐是一对冤家，却又常常形影相随。有时互相交替，有时互相融合。最大的欢乐通常包含在巨大的艰辛之中，犹如明珠潜藏于深海，宝藏掩埋于山岳。有时候很多我们不愿意发生的事情，越想逃避，就越会撞个正着，因为世事无常，一切皆有可能，所以不如锻炼自己面对一切的从容与坦然。人生很多事情无法确定它究竟是对是错、是好是坏，我们常常在感觉非常失意时，突然在前方看到一片灿烂的阳光。不要把顺与逆、得与失、聚与散看得太重，看重了岂不大喜大悲吗?

人生路上，很难会有谁一直陪伴着我们走过，更多的是仅仅陪我们走过一小段距离的人。也许是与我们相扶相持地走过了一段崎岖不平的道路，也许是在一段风景不错的路途上同我们一起笑了一会儿，对于这所有的人，我们都心存感激。当我们回过头来看时，阳光暖暖地照着，微风轻轻地吹着，花儿静静地开着，身边来来往往的人，有多少是擦肩而过的，有多少是刻骨铭心的，有多少是淡然如水的，其实都已无所谓，他们都只是我们人生中的一个片段而已，但也正是他们，让我们的一生如此饱满充实、多姿多彩。

望长天白云舒卷，看红尘沧海桑田，一时一事本无定数，可作为生命个体的人，以怎样的态度面对这一切，完全由自己掌握。或登名利事业之巅，或沉情海之谷底，片刻的狂喜和刹那的消沉带给你的可能是跌宕之后的懊悔。起起伏伏间，让我们扪心自问：可以从容一些吗?

人生总要去面对许多的无奈，心灵总要经历世事的煎熬。也许，无论我们多么努力，仍然会和成功擦肩而过，与美丽隔岸远望……十字路口的徘徊与迷茫，心路的历程总是跌宕起伏，我们却在痛苦地挣扎出迷雾后恍然发现，自己的身上已多了一副坚强的盔甲。风雨再次来临时，不再是恐惧，不再是怯弱，也许，我们已经学会了从容一笑，步履坦然而坚定。

朝朝日东升，夜夜月西沉，感谢生活吧，因为每一天的日子里，我们都在领悟智慧，拓展心灵空间。从现在开始，我们可以在豁达的心态中坦然笑对人生，一心一意走好自己的路，生活会因此变得有意义。用一张笑脸来面对人生，也就给这大千世界无限的精彩。落花流水，追逐时光远去；天涯明月，挥洒一地清凉。云聚云散、花开花谢都是人生的风景，人生无处不风景，我们何不从容淡定，笑看红尘涛起浪涌，云舞花飞！

第三章

禅机中的智慧

让自己的世界里永驻宽容

修养和智慧源于对世事思考后的洞明，对他人无私的关注和关爱；源于对生活理解后的包容，心灵经历磨难之后的从容。

宽容是一种修养。每个人的成长经历、家庭环境、所受教育各不相同，所以秉性和修养也不可能相同，因此，我们不能要求别人在为人处世上处处与自己保持一致，认同别人就是一种有修养的表现。

宽容是一种生存智慧。世界时时、处处处于矛盾之中，旧的矛盾解决了，新的矛盾又出现了。人们对人、对事物的认识也是如此。要善于正确处理各种矛盾，就必须具有宽容精神，容得下与自己不同甚至相反的意见，有一点“海纳百川，有容乃大”的品性。放下一切虚荣、成见和贪婪，放下过去的经验所带来的刻板观念，让思想游于无穷的境域，这是一种生存智慧。

宽容是一种高尚的品格。因为宽容是修养，是智慧，而修养和智慧源于对世事思考后的洞明，对他人无私的关注和关爱，源于对生活理解后的包容，心灵经历磨难之后的从容。所以，大凡宽容者，多为品德高尚之人，必具一种长者风范。但宽容又不是高深莫测的，它简单得人人可以理解，人人可以做到。像我们常说的“严于律己，宽以待人”，像古人说的“大其心容天下之物，虚其心受天下之善”，像佛家说的不能以怨报怨等，都可以说是具有宽容的精神。当然，宽容不是凡事都不讲原则，一团和气，当老好人，也不是事不关己高高挂起，对事物、对他人漠不关心。

世界上比大海、天空更宽广的是人的心灵。人生苦短，要做的事那么多，不该为一点半点的不顺心的事而义愤填膺。“心底无私天地宽”“相逢一笑泯恩仇”应该成为人的宽容心灵的写照。生活在现代文明社会的人，都应在心底播下宽容的种子，让它生根发芽，开花结果，让自己的世界里永驻宽容。

快乐的钥匙

“少”不是不足，是另一种有余，舍弃也不一定是失去，而是另一种更宽阔的拥有。

冬天过去了，春天又来了，我们一天天地过着，经历着喜、悲、乐、痛……无论生活中经历了些什么，我们都不要遗忘了快乐，因为快乐的人才是幸福的。不是没有伤痛，不是没有悲苦，可是一味抱怨和诉苦不能让痛苦有丝毫减轻，相反，只会加深自己的痛苦，甚至影响别人的好心情。与其做个沉溺于痛苦的人，不如做个怀揣快乐的人。快乐从来都不怕复制，快乐从来都可以传递，发自内心的笑容会感染给别人，一个、两个、三个……十个、百个，像春天的花朵，也许一夜之间，快乐便可以绽放成一树又一树的梨花。

人也像花一样，有一种人能结果，成就一番事业，而有一种人不能结果，一生没有什么建树，只是一个普通人而已。但普通人只要心中有快乐，脸上有欢笑，照样可以像小草和野花一样，得到人们的欣赏和喜爱。做一个快乐的人吧，因为有快乐就有生活的阳光，有快乐就有人生的幸福。

所谓真正的幸福者很少见，也许这种人压根儿就不存在，而心满意足之人则随处可见，一个人的不幸很大程度上取决于他的不满足。一个人快乐，不是因为他拥有的多，而是因为他计较的少。有时候“多”也是一种负担，是另一种失去，多了许多的追求、许多的计较，就多了许多羁绊，同时少了人生的轻松和自在。“少”不是不足，是另一种有余，舍弃也不一定是失去，而是另一种更宽阔的拥有。我们每个人都在追求着自己的幸福，但是不要执着那些不切实际的追求，我们终究是普通人，所以我们还要过普通人的日子，享受普通人的快乐，真正的幸福在于知道如何享受自己的所有，并能除去自己能力之外的物欲。

在这个世界上，没有一个人能完全按照自己的意愿活着，因为这个世界有太多的无奈与未知，并且我们都不是这个世界的唯一。有些东西不必争取、不必挽留就早已在身边，也有些东西，如何争取、如何挽留都是得不到的。哪些东西属于我们，哪些东西不属于我们，一切都只能坦然地接受，不必强求，也不必在意。既然如此，我们就该学着随遇而安。最后，我们终会发现，以前的固执，在今天看来，不外乎是别人眼中的一场闹剧。所以，不必为不属于我们的东西而忧伤。

其实，我们每个人心中都有把“快乐的钥匙”，但我们却常在不知不觉中把它交给别人掌管。

许多妻子都在抱怨："我活得很不快乐，因为丈夫经常出差不在家。"她把快乐的钥匙放在丈夫手里。许多母亲都在说："我的孩子不听话，叫我很生气！"她把快乐的钥匙交到孩子手中。许多婆婆也在说："我的媳妇不孝顺，我真命苦。"她把快乐的钥匙交到了媳妇的手里。还有人说："上司不赏识我，这让我很郁闷！"他把快乐的钥匙塞在老板手里。有些顾客从商店里出来说："那位老板服务态度恶劣，让我很不痛快！"

这些人都做了相同的决定，就是让别人来控制他的心情，把快乐的权利交给了别人。一个成熟的人能够握住自己快乐的钥匙，他不期待别人使他快乐，反而能将快乐与幸福带给别人。掌握了自己的快乐，才能掌握自己的幸福。

别太在意别人的眼神，也别去揣测别人的想法，更不要去怀疑别人的行为，让自己的思想简单些，再简单些，珍爱每一天的阳光，善待每一个生命，开心地去过每一天的生活，让心徜徉在诗意的气氛中，生命会因为简单而快乐，因为快乐而幸福。

找好自己的坐标

世界上最珍贵的不是得不到的，也不是已失去的，而是眼前的幸福。

茫茫人海，浩渺虚空。行走在这个繁杂的人世间，世界这么大，我们该怎么走？去向何方？如果我们的内心没有任何信仰，就会对未来的归宿一片茫然，没有一个长远的目标，就不知道现在该做些什么。

没有明确人生目标的人，就像没有舵的船。这艘船在大海里任意漂泊，随着风向和洋流的变化而变化，谁也不知道它将驶向何方。它终会在荒芜的沙滩上搁浅，或者在茫茫的大海中触礁。所以，只要我们设定了人生目标，就能驾着这艘小船驶向终点站。

人生虽有终点，生命却是无涯，生活可以随便，生命却要认真，怎样安排此生，是自己的责任。

人生最大的悲哀不是死亡，而是活着的时候不知人生的意义，如同一具行尸走肉。一个人要想取得成功，给自己的人生定位是非常重要的。人在尝试中才能发现什么是最适合自己的，什么才是自己能够实现的方向和目标。人生如大海航行，人生规划就是基本航线，有了航线，我们就不会偏离目标，更不会迷失方向。同样，在航行时，如果我们只看到船周围的环境、波浪，看久了会头晕，我们应该有远见，看海天之际的那条地平线，才能更加顺利和快速地驶向成功的彼岸。

真正认识自我不是一件易事。有许多人活到老，还不知道或者不能够按照自己内心的愿望活着，自我认识首先要分析自己内心真正的想法和愿望，自己的兴趣爱好是什么，明确地找出自己真正想要的、对自己来说有意义和有价值的东西。给自己的人生定位，关键是能找到自己的差异化优势，选择有自身特色的实现途径。成功的道路千万条，我们要找到一条适合自己的道路。每个人都有区别于其他人的潜力和特质。

人为什么活着？生命有何意义？人生的价值是什么？每个人可能都会思索这些亘古难题。当我们漫不经心地走错了人生的单行道才会明白，人生不是用来“探究”的，活着并精彩地演绎生活，才是生命的真正意义。

人生难免遇到沟沟坎坎，难免遭遇风风雨雨，有些事既然已经发生了，我们也无法改变事实，还不如开怀一笑，活得从容和坦荡。任何痛苦和快乐都是暂时的。我们无法改变天气，但我们可以享受心情；我们无法预知未来，但我们可以把握现在。到达一定阶段，该有的终究会有，做好准备，成功就是水到渠成的事。

世界上最珍贵的不是得不到的，也不是已失去的，而是眼前的幸福。失去的东西不一定是你的幸福，它之所以让人留恋，是因为它给人以美好的想象空间，但是生活不是想象，幸福不是想象，它们都是实实在在的点点滴滴，当一切美好的东西被外力轻易摧毁时，就说明它本身就不是那么坚固，也许它的基础不是坚固的混凝土，而是一堆泡沫。所以我们要时刻把握好自己的人生目标。

虽然如此，我们也不能把自己的人生目标定得不切实际，生活本来就应该知足常乐，何必苦苦追求自己能力以外的东西呢？远大的目标会带来动力，但如果超过了自己能力所及的限度，那会让我们活得很累很苦。人生苦短，也许放低目标，我们的人生会更精彩。

我们无法预知未来，当然也无法把握未来，但是，这绝不意味着要放任未来，任其自然发展。人要努力使自己的未来朝着希望的方向发展，并为这种发展做自己该做的事情，至于结果是否如愿，不必过多地去考虑，人生看似追求某种结果，实际上人活的是过程，在追求的过程中，我们会理解和体会到什么是人生。所以，过程可能比结果更为重要。

不要以为明天是久远的事情，昨天的明天就是今天，今天不把该做的事情做好，明天就会有问题。人应当生活在今天，生活在现实中，生活在当下，不要过多去懊悔昨天，也不要过多去指望明天。过去已经成为历史，无论如何都无法改变，未来充满了不确定性，一切都在变化之中，把今天的事情做好就是对明天负责，把每一件今天该做的事情都做好就是对自己的一生负责，除了自己以外，不要指望任何人对我们的一生负责。自己今天所做的一切，无论是好还是坏，是善还是恶，明天都会有结果的。种瓜得瓜，种豆得豆，明天的果无论是苦、涩、酸、甜，都得自己来品尝。在这个多彩多姿的社会中，人就是因为有了坚定的信念和乐观的精神才拼搏着，奋斗着，微笑着，这也是为了证明自己活着。也许岁月会像风刮走流沙一般，什么也不会留下，但至少我们经历了过程。千千万万的人都会在这个社会中留下自己曾经的讯息。让自己沉湎，让后人触摸。世界这么大，只要我们的内心世界丰富多彩，不空虚，找准了人生的目标，并努力实现它，我们就活在了幸福当中。

活好这一回

人生的每一次付出，就像在空谷中的喊话，没有必要让别人听到，那绵长悠远的回音就是生活对你最好的回报。

我们每个人注定都是自己这部人生戏剧的主角。站在各自的舞台上，以各自不同的方式，演绎着自己与众不同的故事。谁都不应该有自卑、抱怨、牢骚，只需把人生的台词精心推敲，只需让自己这个角色绽放它应有的光彩。

人生没有彩排，每天都是现场直播，我们要用心过好每一天，每一个环节我们都要演得很投入，是苦，是累，是快乐，是忧愁，这些都不是最重要的，重要的是我们是否用心去扮演了自己的角色，是否认真地尽了自己应尽的职责。我们的一生并不在于最后名垂千古，而在于见识、经历了这一路的林林总总。

人生的每一次付出，就像在空谷中的喊话，没有必要让别人听到，那绵长悠远的回音就是生活对你最好的回报。

每个人都有一片自己的土地，播下希望的种子，然后用坦然、从容的心态去浇灌，用积极乐观的心情去培育，用包容的阳光来照耀，用欢喜的雨露来滋润，拔除消极的野草，捉尽懒惰的害虫，这样就能开出幸福的花，结出成功的果实。活好这一回，壮哉！

人生幸福一重重

当你的心对你所拥有的一切都感到满足的时候，你就是幸福的。

幸福是大家经常讨论的一个话题，曾有人问过我，怎样才能得到幸福呢？我对他说，幸福其实就是一个魔术师，他会给每个人幸福，只是当他把幸福送到你面前时，你不曾发觉，或者说你不曾看全这个魔术师所给你的幸福，所以你感觉不到幸福。只要你用心去体会，就会发现，其实你一直被幸福包围，只是幸福具有多面性罢了。

“横看成岭侧成峰，远近高低各不同。不识庐山真面目，只缘身在此山中。”幸福就像这首诗一样，处处都有，无时不在，它就在我们的身边，就在我们的内心世界里，只是我们很多时候不能发现，体会不到罢了。我们往往看别人时，觉得他们个个都幸福，看自己时，却觉得生活中充满了不幸，也就是那句话“身在福中不知福”。

我们每一个人，不论贫贱，不论老幼，不论属于哪一种族，不论是哪种性别，都拥有幸福的权利和自由。当你慷慨地给予世界万物以博爱和仁慈的时候，你也在收获幸福和快乐。

幸福不取决于物质生活，它和外在的事物关系不大。我曾有一个邻居，是一对年轻的夫妇，他们住在十多平方米的小屋里。丈夫在一家工厂做临时工，妻子身体不好，长期卧床，还有一个年幼的孩子，它们的经济条件很紧张。他们看似很不幸，根本不属于幸福之家，但是幸福就是这样。男人每天下班总是带着笑容，孩子笑着扑到爸爸怀里，妻子微笑着盛好热饭，不管吃什么粗茶淡饭，一家人总会像吃珍贵的美味一样，无比珍惜。不知情的人不会认为他们是幸福的，但对这一家人来说，相聚相依就是最大的幸福。所以，当你的心对你所拥有的一切都感到满足的时候，你就是幸福的。

任何事物都可能让人们体会到幸福的滋味！一个饱受饥饿之苦的人，能获得一捧粗粮便是幸福；一个在沙漠里跋涉，几近气绝的人，能发现一泓清泉便是幸福；一个经受过磨炼，能够战胜逆境的人也会获得幸福。身患重病的人在治疗中慢慢恢复了健康；一个一直渴望重返故里的游子终于能够站在家乡的四合院门前；一位下岗工人又重新找到了一份有着稳定收入的工作；一位妈妈看到自己年幼的孩子蹒跚迈出了人生的第一步；一个失学儿童收到了别人的爱心捐助，可以重返校园……太多太多的事，太多太多的人，这些都会让我们感受到幸福。幸福在于发掘和理解，在于心灵的接洽和容纳，更在于自己的心态。我们的态度决定了一生的高度。你认为自己贫穷，并且无可救药，那么你一生只会在穷困潦倒中度过；你认为贫穷是可以改变的，你将会积极、主动地面对贫穷、改变贫穷。心态决定我们的生活，有什么样的心态，就有什么样的人生。

幸福很简单。它不取决于人们的生活状态，而取决于人的心态。所谓“知足者常乐”就是这个道理。人要学会自我满足。这里说的自我满足，不是骄傲自满，也不是阿 Q 精神，而是对环境的适应。我们很难改变环境，那么我们就要学会适应环境。你不可能是世界上最幸运的人，但是你也不是世界上最不幸的人。一位百万富翁的幸福未必就比一位生活简单的渔夫的幸福多，而一位功成名就的企业家的幸福也不一定就多过一位普普通通的小市民，幸福的笑容从没因身份的尊卑贵贱失去它耀眼的光芒。

幸福就在你心中。心存幸福，就永远幸福。只要我们珍惜现在、珍惜眼前所拥有的一切，我们就生活在幸福当中，时时刻刻被幸福包围。

生命的明灯

快乐最大的来源就是对他人、对社会无我的付出。

善良不是挂在嘴边的，一个真正善良的人未必整天把善良挂在嘴上，但他会默默地用行动去实践善良，他会用自己的一生去诠释善良的真谛。

其实每个人都拥有善良的心，但我们常常在人生的奔波辛苦、生活的琐碎繁复中把这颗明珠遗忘，甚至在遭遇挫折之后对人间产生憎恨，但是，当理智和情感完全一致的时候，良心的声音就会在心灵中占统治地位。

在有信心的人心目中，良心并不是儿戏，他相信生命的意义不是对外在名利的追逐。一个心地纯洁的人会觉得人生是件甜美而快乐的事情，而快乐最大的来源就是对他人、对社会无我的付出，因为良心常常告诉我们：凡是对他人有害的，对我也是有害的；凡是对他人有益的，对我也是有益的。

每个人心中都有一盏明灯，这盏明灯就是良心。生命之所以崇高，就是因为我们拥有善良。没有华丽的语言，只需如小草般默默为大地奉献出自己的绿色，虽然对大地而言，小草是微不足道的，但对小草而言，它们奉献的是自己全部的生命。一棵小草是渺小的，但无数的小草牵起手来就能给人间带来一片美丽的绿地，就能给世界带来无限的生机。

我们赞美我们活着

快乐和痛苦都是人生的财富，与其消极逃避，不如勇敢一些面对。当它们都成为记忆时，你会发现，曾经的痛苦更值得回味。

不要把失败当作放弃的理由，人生没有纯粹意义上的失败。能从失败中站起来，那么失败也是一种成功；如果在成功中沉沦，走向萎靡，那么成功也是一种失败。活着，并不是一定要有多么的灿烂辉煌，处于顺境也罢，逆境也罢；经历成功也罢，失败也罢；感受悲伤也罢，欢喜也罢，勇敢并乐观地活下去，带着微笑，播撒爱的种子，走向人生的终点，这就已经实现了精彩的人生。

选择死亡，是一种懦弱，是一种逃避，是一种失败；而选择快乐，更需要勇气，需要坚强，需要豁达。快乐和痛苦都是人生的财富，与其消极逃避，不如勇敢一些面对。当它们都成为记忆时，你会发现，曾经的痛苦更值得回味。

世界很大，手很小，我们的世界是大家的一双双手建起来的。世界很大，心胸更大，因为心可以纳须弥，心可以装着整个世界。我们可以做一个坚强的人，坦然面对阴晴圆缺各种境遇，勇敢体会酸甜苦辣各种滋味；做一个豁达的人，忘记消逝的人和事，忘记过往的爱与恨。不能拥有的，懂得放弃；不能碰触的，学会珍藏。

走在岁月的河边，捡拾散落在河岸的零落的记忆，用夏日般明媚的心情串起，于是那一段段惊心动魄或刻骨铭心的记忆就以一种无比绚烂的色彩闪耀着，映照着所有的属于温暖岁月的时光。回首往事，我们会在心底真诚地感恩自己如此美丽地活着。

人间走一遭

我们不能控制机遇，却可以掌握自己；我们无法预知未来，却可以把握现在。

一念一世界。心情不同，呈现的内心世界就有所不同。一念善就是天堂，一念恶就是地狱。

人之所以痛苦，很多时候是因为我们没有按照自己喜欢的方式去生活。大多数人是在按照别人的要求生活，刻意去改变，违背内心所想。自己的命运不能自己主宰。与其说是别人让你痛苦，不如说是自己的修养不够。如果你不给自己烦恼，别人也永远不可能给你烦恼。因为自己的内心缺乏应有的包容，装不下别人的缺点和错误，放不下自己的成见和自以为是。即所谓的“烦恼天天有，不捡自然无”。

人间走一遭，走过的岁月，逝去的光阴，不管是成功或者是失败，都已经成为过去，成功不要沾沾自喜，不妨保持冷静的头脑，走好今后的旅程；失败也不要气馁，只要不失去信心，成功终有一天会属于你。其实，对于成功的理解，每个人都有不同的认识，只要我们付出了努力，为自己的目标流了汗水，我们就不会后悔。在这个过程中，我们积累了经验，得到了锻炼，这就是我们的财富，就是属于我们的成功。

人间走一遭，来到这个世界，难免会遇到风雨和磨难，它会使你更加坚强，会让你看到风雨过后的彩虹。你若在困难面前低头，那么困难将是你不可逾越的一道鸿沟。坚强起来，才是我们唯一的出路。

人间走一遭，难免会遇到你不喜欢的人，尝试着去包容他（她），理解他（她），化敌为友，是多么美好的一件事情。多个朋友多条路，有朋友的日子会更加愉快，有朋友的陪伴，我们也就少了很多的孤单。

生活在繁杂的社会，可能有人对你的所作所为不理解，或者你误会了别人，这可能会给别人造成伤害，我们本就是凡夫俗子，考虑问题还不够周全，有时候说声“对不起”，就会平息不应有的矛盾，化解很多的积怨，和睦相处，何乐而不为呢？

人生在世，有许许多多的无奈，有无奈的人，有无奈的事，如果不能改变什么，那不如在我们有自由空间的时候，珍爱自己一下，让心灵小憩一下，多一些思考，多一些感悟。其实，要想改变别人很难很难，要想改变环境就更加不易，真正能改变的只有自己，让自己不断适应这个变化的世界，顺应时代的潮流，我们的人生就会更加惬意和怡然。

人间走一遭，哭也未必是真哭，笑也未必是真笑，一切都不是结局。不管是微笑还是叹息，细细地品味，这一切都让人有所思考。在这个世界上，有许多事情是我们难以预料的。我们不能控制机遇，却可以掌握自己；我们无法预知未来，却可以把握现在。我们不能知道自己的生命到底有多长，但我们却可以安排当下的生活；我们左右不了变化无常的天气，却可以调整自己的心情。少一些欲望，少一些争斗，少一些索求，我们的世界就会是没有阴霾的晴天。相信明天，还会升起一轮崭新的太阳，不妨送给世界一个最美的微笑，收获自己希望的结果吧！

自由的生命

懂得放弃，是一种智慧，学会放弃之后，我们常常会收获意外的快乐。

生命如同一朵花，花开花落总有时。既然人世间最宝贵的是生命，那么，我们应该如何度过这一生呢？快乐是一辈子，痛苦也是一辈子，为什么我们不活得更快乐一点呢？

如果生活已经很苦闷，再用剩下的时间来咀嚼苦闷，只会让生活更加糟糕，所以我们要敞开心胸，学会从苦闷中解脱出来。人生道路上总有失望、伤心、孤独、挣扎和苦痛，有时，我们会被日常生活的打击、工作的疲惫消磨得筋疲力尽。但是，无论遇到怎样的困难，我们都要记得一切从快乐出发，不要逃避生活，不要躲藏，不要封闭自己，要学会拥抱新鲜事物，经历全新体验，或许我们失败了十次，但是，也许成功就在第十一次。如果我们把自己关在成功的门外，我们就会错过成功，错过生命中最快乐的时光。

有时，我们经历的是挫折而不是成功，生活并不会总是如人所愿，但我们要坚强，并继续向前，而不要因为这些事陷入低谷。接受挫败并学会坚持，不畏艰难地追求我们的梦想，把消极转化为积极，让这些痛苦成为通向更美好生活的垫脚石，并学会利用它们让自己更坚强，这样的话，即便我们失败很多次，也不会被失败打倒。

让所有的烦恼都在退潮的时候随着潮水的逝去而消失吧！用心记住别人对自己的每次帮助，把心中的感激和彼此之间的快乐和友谊刻在石头上，它就会和石头一样不朽。

快乐是需要自己去培植的，是需要用心去体会的。如果我们用心去体会，细雨会给我们欣喜，习习凉风会给我们惬意，万里晴空会给我们舒畅，一句简单而朴实的问候传递的是友好，一个静默而坚定的眼神传递的是鼓励，一次有力而温暖的握手传递的是支持，哪怕递给我们的只是一杯白开水，这里面也蕴含了浓浓的关爱。我们其实一直被幸福包围着，只要用心去体会，快乐便时常和我们相伴。

只有知足才能去享受生活，才能放松自己的思绪。知足并不与自己的梦想相矛盾，知足只是对现状的满足，只是一种活在当下的生活态度。只要我们用心去体会，我们会发现自己拥有的东西还是很多的。人要活在当下，享受眼前的生活。只要放弃一些烦恼，放弃一些利益，减轻生命的包袱，我们便能轻装上阵，与快乐结缘。

快乐要有一种拿得起、放得下的胸襟。人往往很多时候是拿得起，放不下。放得下是一种洒脱，懂得放下才会快乐，背着包袱走路总是很累的。小溪放弃平坦，是为了回归大海的怀抱；黄叶放弃树干，是为了走向春天的葱茏；蜡烛放弃完美的躯体，是为了拥有一世光明；心灵放弃凡俗的喧嚣，是为了拥有一片宁静。放弃了蔷薇，还有玫瑰；放弃了小溪，还有大海；放弃了一棵树，还有整个森林；放弃了驰骋原野的豪放，还有策马徐行的自得。懂得放弃，是一种智慧，学会放弃之后，我们常常会收获意外的快乐。

快乐是需要充实自我的，其实只要每天让自己进步一点，让自己多去发现一点，内心就会充实起来。幸福需要我们不停地耕耘，事实上，学习的过程就是幸福而快乐的过程。

快乐其实很简单，只要用心去体会，便会发现生活中处处都是惊喜。学会给自己一个快乐的心情吧，用快乐去阐释工作，人生就远离了烦恼；用爱心去打磨日子，岁月将赠予我们无比丰厚的回馈。

快乐是生命的支点，无论生活给我们什么，我们都要快乐地出发。给我风和日丽，我就是那朵欣然绽放的花朵；给我曲折，我就是那条欢快地向前奔流的小溪；给我宽广，我就是那只凌空翱翔的雄鹰；给我风雨，我就是那株经得起千磨万击的翠竹。无论怎样，也不要改变对生活的热爱；无论怎样，我们也不放弃对快乐的追求；无论怎样，都不要让生命被生活中的烦恼所束缚，让心灵自由自在，让每一天的生活都精彩纷呈吧！

春花秋月皆自诳

从世俗的烦恼中解脱出来，以洒脱、超然的态度去应付世俗的生活，人生的道路也会变得广阔。

人生一世，岁月沧桑。匆匆一遭，韶华易老。春日才看杨柳绿，秋风又见菊花黄。不知有多少的烦恼苦闷，又不知尝尽多少人间冷暖，其间，有名利的追逐，有情感的纠缠，有南北的奔走，有恩怨的煎熬，更要经历世事的无常，人情的变故。红尘茫茫，纷争不休。春花秋月皆自诳，情仇不外梦一场。禅者的心态，是在精神和思想上摆脱世事的纷扰，淡泊名利，进入一种与世无争、洁身自好的宁静、祥和的精神状态。时代变迁，世事纷扰，恩怨情仇不过是过眼云烟，我们不妨从世俗的烦恼中解脱出来，以洒脱、超然的态度去应付世俗的生活，人生的道路也会变得广阔。

如果我们寻找属于自己的幸福，真正成为自己命运的主人，也就达到了自己与世界万物的和谐、完美的统一。

相约明天

把握今天，才能拥有明天。只要把握今天，勤勤恳恳地付出，丰硕的果实必然会在未来的某一天里静静等着你去采摘。

记得儿时看小燕子在屋檐下筑巢，我的心里便充满了好奇，兴奋地期待着一个鸟巢的诞生。小燕子在头顶的碧空中来来回回忙碌着。等了许久，我却连鸟巢的影子都看不到，只有很少的一点泥土杂乱地沾在屋檐下的墙壁上。何时才能筑起一个坚固的鸟巢呢？

我心里隐隐有些着急。看看小燕子，依然来来回回忙碌着，还不时发出欢快的叫声，一副信心十足、不急不躁的样子，而我终于耐不住寂寞逃走了。过了几天，当我再次想起小燕子的时候，却看见一个崭新的鸟巢已经在屋檐下了。

现在想来，小燕子筑巢的时候，大概不会想着要如何把自己的明天抓在手中，也未必会计算自己还有多少个明天。

它只是勤勤恳恳地工作着，把握着自己的每一寸光阴，在日复一日的坚持中为自己建起了一个坚固而温暖的鸟巢，而在日复一日的坚持中，也不知不觉将美好的明天紧紧抓在了手中。把握今天，才能拥有明天。如果不能把握每一个走过身边的今天，所有奇思妙想终究只是一个美丽而虚幻的肥皂泡。

思绪在坚持与放弃之间游离，人生就只能在进进退退之间徘徊。今天不过是昨天的重复，明天又与今天无异。这样的“明天”拥有再多，又有什么意义呢？所有明天的希望都寄托在今天的耕耘之上。只有认认真真去把握今天，才能真真实实地拥有明天。

从前，有个妈妈带着儿子去种西瓜，面对大片的土地，儿子犯愁了，什么时候才能种完呀？妈妈平静地说：“明天就能种完。”儿子半信半疑地跟着妈妈开始种西瓜。在听妈妈说了三次明天就能种完之后的第四天里，西瓜种完了，紧接着瓜苗长出来了。妈妈又带着儿子给瓜苗锄草、垄土、施肥……面对没完没了的繁杂劳作，儿子的心里无数次涌起放弃的念头，他不停地问妈妈：“什么时候才能做完呀？”而妈妈总是平静而坚定地说：“快了，明天就能做完。”在不知妈妈说了多少次“明天就能做完”之后的下一个明天里，茁壮成长的瓜苗完全覆盖了整片土地，原来光秃裸露的土地铺上了一块厚重而鲜亮的绿毯，连一只脚都伸不进去了。站在地边，透过叶片的缝隙，隐约看到一条条肥硕嫩绿的瓜藤上长出了毛茸茸的小西瓜。儿子的脸上露出了温馨的笑容：“妈妈，什么时候才能吃到又大又甜的西瓜呀?”妈妈的笑容里面依然是往日的坚定与平静：“明天，明天就能吃到又大又甜的西瓜。”

儿子的脸上没有了往日听到这句话时的疑惑。他似乎已经理解了妈妈嘴里的“明天”的含义。任何繁杂沉重的工作，只要从今天开始认认真真去做，总会在未来的某一个明天里被完成。而只要把握今天，勤勤恳恳地付出，丰硕的果实必然会在未来的某一天里静静等着你去采摘。

我们有时候总在等待一个又一个明天的来临，让今天的光阴悄悄溜走，却忘记了昨天的明天正是今天。不能把握今天，如何能拥有明天?每一个逝去的昨天，都曾经是握在手里的今天，每一个行进中的今天，也都曾经是令人期待的明天，回首过往，我们已失去了太多的明天。拿起沉睡的笔，抓着今天的尾巴，向着明天的收获，开始谱写华美的序曲吧!

天空中有一轮明月，有人寄托相思，有人寄托哀愁，那就让我们来寄托希望吧，愿希望像这天空中的明月一样天天都有，让我们释放所有沉重，走出生命的迷失与彷徨，向着未知的明天寄以深深的向往。

迎来光明的时候不需太兴奋，因为我们知道梦想还在远方；陷入黑暗的时候不需太迷茫，因为我们知道此时最需要的是坚强。不要气馁，因为我们的明天就叫希望。把握好每一个今天，明天会同太阳一样灿烂辉煌。

冷暖人间

人生是艰难的，但如果我们以从容的心态对待，就会发现人生还有另一种更美的风景。

人生不是纯粹的享受，而是在走一段崎岖的山路历程。人都是赤条条而来，要说差别，那大体上就只有男女之别。然而，随着时间的推移，环境的改变，人们会经历学习的艰难，世道的艰辛，人情的冷暖，人们的心灵和意志会慢慢发生改变，这样的改变将会导致人与人之间的差距。于是，有些人很成功，有些人很失败；有些人很出色，有些人很平庸；有些人很幸福，有些人很痛苦……

人活着并不是为了痛苦，然而，痛苦却与人生时时相伴，梦想常常使人勇气倍增，而现实却又常常使人因梦幻破灭而备受煎熬，生命的无奈和艰辛的历程构成了我们最难忘的人生片断。

在人的一生中，总有一些愿望不能实现，总有许多梦想难以成真。即便如此，我们也没有理由去抱怨人生。生活对谁都没有好恶之分，它像一杯白开水，有人喝下香甜可口，有人觉得淡而无味。其实，水的味道倒不一定重要，重要的是，你以什么心情去体验它，所谓的人生的幸福与痛苦，不过是每个人对生活的一种心理体验。乐观者即使陷入困境，体验到的也只有快乐，一种与逆境抗争的快乐。

人生是艰难的，但如果我们以从容的心态对待，就会发现人生还有另一种更美的风景。有困难才会有勇气，有竞争才会有优劣，有失败才会有坚强。往往在经历了许多失败之后，我们才一步一步走向成功；往往在经历了痛苦之后，我们才一步一步体会出什么是快乐。只有在尝遍了生活的酸甜苦辣和人世间的冷暖之后，才能感知生活的精彩所在。其实，每个人的人生经历都是一本书，一部令人百读不厌的书，有平淡也有精彩。

在现实生活中，我们被种种烦恼羁绊，以至心灵得不到解脱，得不到升华。名利地位、爱恨情仇、恩怨是非往往压得我们透不过气来。仔细想想，何必呢？人在任何位置上都会创造奇迹。

我们有的时候把一切看得太重要，所以看不到经过身边的美丽。如果真的能释放自己，把一切看淡，就没有什么忧和愁可言了。而那些总爱把自己锁在忧愁里的人，往往锁住的，是一辈子的伤和痛。换个角度看人生，精彩无处不在。

何必为自己的欠缺、自己的失败而沮丧呢？何必为别人的嘲笑、别人的讽刺而痛苦呢？这些其实都是上天赐给我们的福分，我们应该把人生一切幸运的、不幸的遭遇照单全收。我们感谢上苍对我们所做的一切，感谢人间的沧桑，感谢世态的炎凉，感谢人生的痛苦。只有经历世态的炎凉，才能感知人间的冷暖，才有我们精彩的人生，才能彻悟人生的真谛。只有经历风风雨雨的洗礼，我们才能见到人生美丽的彩虹。

冷暖人间，炎凉人生；众生百态，相依相偎。每天都上演着残酷与美好、冷漠与温情、痛苦与甜蜜、相遇与分别、泪水与笑容的戏码。只要我们坦然面对，面对真实的生活，无论拥有的是痛苦还是快乐，懂得欣赏并珍惜它，便会迎来快乐而美丽的人生。

温暖依然

爱是这个世界上最真实的语言和最完美的情怀。因为有爱，每个生命才充满笑迎风雪的勇气和力量。

岁月如歌，轻舞流年，蓦然回首，往事的烟尘延绵不绝。那些或是馨香四溢的，或是彰显遗憾的，或是痛彻心扉的往事，或是在流年的时光里摇曳，或是在岁月的蹉跎里黯淡，而终究会落在季节的枝头，演绎为一种声音，我们可以在人生的日子里细细聆听着、品味着。用心品味岁月的一颦一笑，用心品味季节留给我们的遐想，把浅浅的领悟深藏于心，把心底的幸福以淡墨轻染成一幅可以珍藏的写意山水画。

生活中有欢乐、有悲伤、有坦途、有荆棘……生活给予我们挫折的同时，也赐予了我们坚强的心；生活给予我们坎坷的同时，也成就了我们的坚韧，我们也就收获了另一种阅历。感谢生活带给我们的喜怒哀乐，感谢岁月带给我们的风雨沧桑，有了它们，我们的生活才如此的丰富多彩。虽然也曾感叹生活中的不如意，但正是因为有了这些经历，我们的人生才会更加美丽、更加精彩。

回首走过的心路历程，细细品味，我们会发现，自己看到的是另一番精彩的风景。回头细看那些已经泛黄的记忆篇章，蓦然发现曾经的爱与憎、曾经的苦与甜、曾经那些纷繁复杂的心思都是那么值得留恋和追忆。

人生一世，有多少坎坷的路要走，又有多少甘苦需要自己去品尝，浅浅回忆生命中的那些温暖，刻下属于内心深处的那份感怀，静静地低吟浅唱流年的音符，深深地感受细水长流的幸福生活。安静、从容、淡定地重新开始，忘记疼痛，擦干眼泪，不断颠覆，不断成熟，输得起，放得下，满怀信心，在烟雨与残阳里守望明天的幸福。

我们每天脚踏着的这片神奇的土地，它在阳光中显示着蓬勃的生机，它孕育了一切生命并使之鲜活、美丽，却又在这些生命枯萎消逝的时候，张开博大的胸怀包容了它们风干的灵魂。生与死，洁与污，美与丑，乐与悲，都在这片宽广的土地中翻覆变幻，在灿烂明艳的阳光下交替更迭。如果说土地的伟大在于包容世间一切真实的生命，那么阳光的圣洁就在于激活了土地的灵性，而花草树木的美丽，则在于它们把完美的生命无私地奉献给人间。站在大地纵横弯曲的脉搏上，我们体悟到宇宙中最伟大的爱是包容，最圣洁的情是给予，最完善的美是奉献。

人间有大爱，温暖遍人间。爱，无处不在，有亲人的爱，有老师的爱，有朋友的爱……爱是看不见、摸不着的，但是它能让人感觉到它的存在，它能使人感觉温暖，使人感到快乐。只要人人都献出一份爱，世界将变成美好的人间，充满爱的世界会永远充满欢笑，也会永远阳光普照！

“这是心的呼唤，这是爱的奉献，这是人间的春风，这是生命的源泉……”爱无处不在，爱无时不有。哪里有爱，哪里就四季如春；哪里有爱，生命就在哪里延续。爱在左，感恩在右，在人生道路的两旁，随时播种，随时开花，人生这一长途将花香弥漫。穿枝拂叶的人踏着荆棘，不觉得痛苦；有泪可落，也不是悲凉。

植根于悬崖峭壁的石缝中的松柏，雄伟苍劲，成了山峡的一大景致。它历经风的飘零，几度春秋，几度风雨，在石缝里盘根错节，根须爬满了山壁，紧紧把石缝缚住，时刻迎接着狂风暴雨的来临，它的坚强最终成就了一片属于自己的绿地。

这些生于艰难，成于坚强的生命，总会给人启迪。松柏只有一丁点的土壤，却植根于悬崖峭壁，历经风霜雪雨，依旧傲然挺立。它们顽强的意志，对生命的热爱让我们一次次感动，又一次次肃然起敬！因为有爱，我们的人生才会欢欣鼓舞；因为有爱，我们的生活才会多姿多彩；因为有爱，每个生命才充满笑迎风雪的勇气和力量。

爱是这个世界上最真实的语言和最完美的情怀，因为只有爱才能让人越来越有“人情味”。爱是无私的，爱是无瑕的，爱也是完美的，它给了我们勇气和信心，让我们充满信心地走过所有的艰辛坎坷。因为有爱，所以风雨过后，青山依旧，绿水依旧，蓝天依旧，白云依旧，温暖依旧……

梦想的力量

人生从来不怕失败，向前走，哪怕只是一小步，也会有新高度。

每个人都会有自己的梦想，但并不是每个人都能实现自己的梦想，能够让梦想的种子穿破土层，长成浓荫，弥漫果香。除去勤奋、汗水、睿智等，有一点是不可缺少的，那就是坚持。有了梦想，再加上对梦想的不懈努力，才可能让梦想成真。

斧头虽小，但经过多次劈砍，终能将一棵最坚硬的橡树砍倒。成功最大的秘诀就是坚持到底，坚持你的梦想，就是最好的飞翔翅膀。看看那些成功者的背后，不知道他们经历了多少的挫折，不知道他们做了多少努力，没有专注、坚持的铺垫，就没有成功的高度。

人生从来不怕失败，请不要因为一时的失败而停下寻找幸福的脚步，向前走，哪怕只是一小步，也会有新高度。往往最艰难时期的步伐最具有意义，它直接决定将来，所以面对一时的挫折，我们不要放弃努力，要坚持到底。人生其实就是一场和自己赛跑的比赛，对手只有我们自己，只要不下场，只要不停下来，一直努力奔跑，就会赢得自己人生的冠军奖牌。

经历就是一笔财富

狂风暴雨和波涛翻涌是生命的精彩，这一路所有的欢笑和泪水、成功和失败都是我们人生的财富。

当我们还是孩童的时候，我们可以无忧无虑地生活，可以尽情地嬉戏玩耍，在春天的树林里，夏日的小河中，秋天的田野上，冬天的雪地里，到处可以看到我们和小伙伴追逐打闹的欢快身影。

岁月悄然流逝，也悄悄带走了我们最纯真的年代。在生活的旋涡中，我们身不由己地在读书、成家、立业的一代又一代延续的人生轨迹上往前迈进。

在平凡的日子里，我们经历着世事的变迁、人情的冷暖，默默承受着离别的悲伤和失败的苦楚。有时，我们会被生活的重担压得喘不过气来，有时会被人情的瞬息万变惊得目瞪口呆，有时很想在是非的纠缠里停下前进的步伐，有时会在名利的得失中忽喜忽悲。面对这成年后复杂的人生，我们时常怀念那简单而充满快乐的童年，遗憾于它的一去不返。

许多年以后，我们如同一个水手，在人生的风浪中锻炼出了面对风雨的勇敢和坚强，立于这叶生命小舟的船首，望着无垠的海面，略带咸涩的海风轻轻吹拂，我们终于明白，童年的快乐未免显得有些肤浅和稚嫩，虽然历经沧桑后的双鬓已渐斑白，但我们收获了满舱的坦然和从容。

风平浪静的海天辽阔是生命的壮丽，狂风暴雨和波涛翻涌是生命的精彩，这一路所有的欢笑和泪水、成功和失败都是我们人生的财富。

经历风雨见彩虹

真正成就人的是那些逆境，战胜不幸，才能最终成为生命的强者。

人要学会走路，也要学会摔跤，而往往是摔过几次跤后，才能学会走路。人在逆境里比在顺境里更能锻炼坚强不屈的品格，遭厄运时比交好运时更能磨炼我们的心性，不幸是一所最好的大学，人在不幸中更能增长智慧，在磨难中更能成就学问。

逆境展示奇才，顺境隐没英才；逆境能击倒弱者，造就强者；逆境能激励人奋发向上，顺境却会消磨人的意志。自古以来的伟人，大多是抱着不屈不挠的精神，从逆境中挣扎奋斗过来的，也是这些逆境成就了他们的伟大。

没有到过森林的深处，没有和虎豹豺狼搏斗过，你就不会知道如何上树，如何过河，也就很难学会生存的本领。所以，真正成就人的是那些逆境。

逆境给人宝贵的磨炼机会，人在逆境中会激发生命深处的潜能，会更加发奋，用巨大的毅力去承受常人难以忍受的艰苦和磨难。只有经历了风霜雪雨，才能从中锻炼出隐忍和坚韧，才能承受不幸，战胜不幸，最终成为生命的强者。

休争闲气

对错得失本无绝对，豁达对待，体现的不是懦弱，而是一种真正的强大。

“佛争一炷香，人争一口气。”这是一句大家耳熟能详的俗语，但是，事实上佛不会去争那一炷香，人才会去争那一口气。

这个世界哪里离天堂最近？医院。医院离天堂最近，医院里每天都会有人升入天堂，其中一些人是不该死的，因为有很多人是因为生气导致生病，一口气上不来就天人永隔，最后早早离开了这个世界。很多人都争那所谓的一口气，受不了委屈，受不了亏待，受不了埋怨，于是当众跳脚，要争回一个理，争回一口气，长此以往，人人敬而远之。很多人为某些小事而纠结，无法释怀，久而久之，就结成了心病。

俗话说：“骂人的不高，挨骂的不低。”能经得住别人责备、辱骂、欺侮并且不会在心里留下心结，这种豁达对待的态度，体现的不是懦弱，而是一种真正的强大。贤人争错，愚人争理，退一步，低个头，道个歉，大事化小，小事化了，岂不是给自己带来轻松自在，何苦非要争那口闲气？对错得失本无绝对，能够让别人心里不恼，自己心里不气，这就是得，这就是对，也就是所谓的互利双赢。既让别人愤愤不平，又让自己气愤不已，这就是失，就是错，就是所谓的两败俱伤。

世态人情经历多，闲将往事思量过，贤的是他，愚的是我，争什么？我们总以为自己争回了那口气，就是争回了面子，可事实上，我们争回的是无知，是狭隘，得到的是郁闷，是烦恼；不去争，恰恰体现的是宽容，是大度，得到的是解脱，是轻松。人生不过就是吹吹打打，迎来送往，休争闲气，得饶人处且饶人，我们何不豁达一些？

双手写人生

人生就应当像奔涌的海水，因为遭遇岛屿和暗礁，才更能绽放出美丽的浪花，带给人们视觉的冲击和心灵的震撼。

世间万物都是相互依赖、相互依存的，包括快乐的生命。快乐的生命需要坚强和善良，用坚强捍卫善良，用善良延续坚强，犹如我们人生的左右手。

从前，有一个盲人按摩师，刚刚 7 岁的时候，病魔就无情地夺去了他的双眼，从此，黑暗注定将伴随他的一生。虽然委屈和辛酸在孤独中伴随并折磨着他，但他却坚强地在盲校求知八年，每天早晨五点准时起床学习。由于视力障碍，在陌生的地方独立生活、学习时难免磕磕碰碰，或走错方位，或碰到电线杆和墙壁，但他将艰辛和泪水化作学习的动力，曾多次被评为三好学生。

毕业后，很多人对他的工作有种种猜测和误解，但是他耐心地向每一个前来按摩的病人介绍按摩的疗效，同时凭借扎实的按摩技能赢得了众人的信任。是善良指引他前进的方向，是坚强带给他无尽的希望。

要知道，没有一个不通过坚韧和奋斗就可以解决的难题。勇敢而无畏的人生才能多姿多彩，而懦弱和逃避的生命，注定只能一败涂地。从古到今，没有谁会为那些软弱的人喝彩，因为只有坚强的人才能守护善良，只有善良的人才能永远坚强。

人生就应当像奔涌的海水，因为遭遇岛屿和暗礁，才更能绽放出美丽的浪花，带给人们视觉的冲击和心灵的震撼。人生也应当像水果一样，经历阳光与黑夜，才更加成熟和饱满，带给人甘甜和欣慰。就让我们一手提着善良，一手抓着坚强，勇敢而无畏地书写我们的人生篇章吧！

乐观与悲观

悲观与乐观，不过是一颗心的两面，因为身后有光明，所以你才注意到影子的黑暗，但当你懂得回头时，就会发现光明和美丽，从悲观到乐观，不过是一个转身的距离。

从前，有一个国王想从两个儿子中选择一个做王位继承人，就给了他们每人一枚金币，让他们骑马到远处的一个小镇上，随便购买一件东西。而在这之前，国王命人偷偷地把他们的衣兜剪了一个洞。中午，兄弟俩回来了，大儿子闷闷不乐，小儿子却兴高采烈。国王先问大儿子发生了什么事，大儿子沮丧地说："金币丢了！"国王又问小儿子为什么兴高采烈，小儿子说，他用那枚金币买到了一笔无形的财富，足以让他受益一辈子，这笔财富是一个深刻的教训：在把贵重的东西放进衣袋之前，要先检查一下衣兜有没有洞。

这个故事告诉我们，面对同样的事情，心态的悲观和乐观，收获的结果截然不同。

悲观者容易被困难击败，乐观者可以在困境中找到希望；悲观者容易看到灰暗的一面，乐观者善于发现生活的美好；悲观者容易在过往的悲欢里沉沦，乐观者懂得注视脚下的路；悲观者总是忧心于美好事物的消散，乐观者却对眼前的东西倍加珍惜。

悲观与乐观，不过是一颗心的两面，因为身后有光明，所以你才注意到影子的黑暗，但当你懂得回头时，就会发现光明和美丽，从悲观到乐观，不过是一个转身的距离。朋友，你能找到理由难过，你也一定能发现快乐，做一个乐观的人吧！懂得放下的人获得轻松，懂得遗忘的人找到自由，懂得珍惜的人感知幸福。其实，人生就是一个多面体，换个角度，换个心情，你就会发现这个世界是如此美好。

走过寂寂的夕阳

存在是偶然的，离开也不是永恒，我们没必要为流动的人和岁月而感伤。如果有缘，那么请相互珍惜，如果无缘，那么请相互祝福。

夕阳落下时没有悲伤，没有不舍，没有无奈，没有寂寞，那淡淡的微光见证了它的存在和价值。每天循环着的节奏，由始而终都没有烦恼，没有何去何从的考虑，没有患得患失的惆怅，走过寂寂的夕阳，我们是不是也该这样呢？

夕阳无限好，只是近黄昏。我们总是人为地给夕阳增添悲伤的色彩，有时会感到一点惆怅，一点孤独，偶尔发点感慨或者有点幻想。夕阳的余晖很快就会消逝，但仔细想想，夕阳并不需要我们的惋惜，我们那无缘无故的悲天悯人又与夕阳何关，夕阳有知，应该也会感到一丝无辜，无奈地耸耸肩吧。

恰如生命轮回，来去皆有时，何苦叹离别？没有今天的夕阳就没有明天的朝阳，又何苦紧抓着眼前的不放？存在是偶然的，离开也不是永恒，我们没必要为流动的人和岁月而感伤，缘起缘落皆有定数。如果有缘，那么请相互珍惜，如果无缘，那么请相互祝福。如果缘来了，那么请相互温暖，如果缘尽了，那么请相互忘记。

夕阳是一天的落幕，这落幕像是一首歌，可能欢快，可能悲伤，可能兴奋，可能平淡，可能紧张，可能舒心，但那仅仅只是夕阳，这首歌到底怎样，还需要我们用心吟唱。几十年匆匆浮生，时间却永不会停歇，走过寂寂的夕阳，此生已无悲伤，但我们要像夕阳一样从容地离开，完成这美丽的转身。

轻轻问命运

不管遇到什么磨难坎坷，我们都要坚强，坚强是让我们的生命得以更好延续的保障。

远看朦胧近成影，贫富穷通各不同，不识命运真面目，只缘身在命运中。命运对我们来说，既具体又模糊，既平淡无奇又神秘莫测，古往今来，多少人在探索生命，多少人在解读人生的真谛，我们也要循着古人的足迹，去追寻，去探索，不要让这平淡的人生苍白无力，黯淡无光。

人生在世，从生到死，难免要经历很多驿站，人生聚聚散散，世事起起落落，琐事纷纷扰扰，情感纠纠葛葛，这些总是在身边缠绕，挥之不去，赶之不走，真是剪不断、理还乱。我们不要为一时的受宠而欣喜若狂，也不要为一时的辱没而黯然叹息，要学会在闲适中去发现别样的精彩，在忙碌中学会偷闲的快乐。

命运对于我们来说，犹如浩瀚的大海，若误将一滴当作全部，就会因小失大。命运好似一头大象，而我们就如摸象的盲人，若将我们摸到的局部当作全部，便会以偏概全。命运的方向不是一天或者一个小时内做出的决定可以左右的，命运是一场持久战，当理智和命运每一次交锋的时候，理智要保持高度的清醒和智慧。

人生其实就是一种过程，一种经历。命运就像一个戴面纱的女神，你不去努力，就不会看清她的真面目，也不会得到她的庇佑，幸福也不会降临到你的身边。所以，不管遇到什么磨难坎坷，我们都要坚强，坚强是让我们的生命得以更好延续的保障。

问问心情

不要让心停留在吝啬的角落里，心灵接纳的世界远比我们想象的要广阔；不要让心停靠在凄凉的角落里，心灵寂静的港湾不仅需要得到，更需要付出。

时光荏苒，岁月如流，日子像流水一般，不经意间就从手指间滑走了。跋涉在茫茫红尘中，我们不要只顾着步履匆匆地向前疾行，不妨放慢脚步，沉淀心绪，别忘了时常问问自己：“我此刻的心情如何呢？”

生活中的烦恼层出不穷，总有这样或是那样的烦恼纠缠着我们，我们处于烦恼中，就像鱼儿在水中一样习以为常。我们时常发脾气，时常埋怨，时常生气……烦恼太多，以至于我们在烦恼中渐渐麻木了，每天带着不同的烦恼奔波在人生的旅途中。

一把米，可以做成一碗饭，可以做成一碗粥，还可以酿出一碗酒。人生经由不同人的烹制和酝酿，会变成不同的味道。不同的心态，会活出不同的生命质量。不调整好心态，那就会过辛苦日子；善于调整心态，就可以过上舒服的生活。最使人疲惫的往往不是道路的遥远，而是内心的郁闷；最使人颓废的往往不是前途的坎坷，而是自信的丧失；最使人痛苦的往往不是生活的不幸，而是希望的破灭；最使人绝望的往往不是挫折的打击，而是心灵的死亡。

其实，生活对我们并不苛刻，我们的要求也并不高。当我们总是感叹幸福离我们很远很远的时候，或许我们需要的，只不过是重新掂量我们的投入和付出。用爱自己的心去爱别人，用看自己的眼睛去看世界，我们将会发现，有许多脾气是可以不发的，有很多苛责是可以“省”下来的，很多埋怨是完全不必要的。学着宽容吧，当别人犯错时，我们要学会原谅，同为芸芸众生的我们，怎敢担保下一个犯错的不是自己？又怎能确定在我们犯错时，别人会以何种心态看待我们？能宽容别人，我们也就能得到别人的宽容。

不要让心停留在吝啬的角落里，心灵接纳的世界远比我们想象的要广阔；不要让心停靠在凄凉的角落里，心灵寂静的港湾不仅需要得到，更需要付出。当爱驾驭着智慧的翅膀掠过喧闹的都市，我们会发现心中的莲花早已盛开八色的花瓣，飘荡着迷人的芬芳。

达不足以贵，穷不足以悲。金钱如水，缺了会渴着，贪了会淹着。别把人生的快乐寄托在财富的拥有上，更别把生命的意义赋予在名利的追求中，别拿金钱来装饰人生，也别拿地位来炫耀生命，真正的高贵是一种思想，是一种品德。

世间所有的美好，都有一个有效期限，把心放宽，很多事都不要过于执着。当我们迷失于外在的物质给予我们的奢侈生活时，我们是否早已忘记了去享受那最美的阳光、雨露？把目光放得远一些，把心台筑得高一点，让生命恬淡得如一泓波澜不惊的湖水，掸一肩尘埃，放松自己；听一曲天籁，澄净自己；采一缕阳光，温暖自己；掬一捧清泉，滋润自己；拂一袖花香，芬芳自己；看一夕霞光，绚丽自己。我们完全可以用一种良好的心态，活一回自己的美丽人生。

第四章

云在青天水在瓶

幸福进行时

以从容的心看生活，天地自宽；以豁达的心待世界，得失皆好。

曾经有一位睿智的哲人说，烦恼是因为人驾驭不了自己，只能徒劳地叹息。烦恼是人生灰暗的色调，我们来到这个多彩的世界，是为了愉快地品味今天，拥抱明天，去体会生命的欢乐。纵然有一天，生活变得黯淡，也用不着去寻找烦恼，因为命运掌握在我们手中。只要生命之火还没有熄灭，只要我们不放弃对生命的热爱，就能燃烧起希望，就可以走过生命中最黯淡的时光，迎来再次的曙光，获取生活的幸福。幸福总围绕在别人身边，烦恼总纠缠在自己心里。这是大多数人对幸福和烦恼的感受。这个世界，人人行色匆匆，肩上背着沉重的行囊，装得越多，牵累也就越多。几乎所有的人都在追逐着人生的幸福，都在仰望和羡慕着别人的幸福，一回头，却发现自己正被别人仰望和羡慕着。其实，每个人都是幸福的，只是我们自己的幸福，常常体现在别人眼里。其实幸福无处不在，幸福来源于我们自己，只等我们去发现。

活得糊涂的人，容易幸福；活得清醒的人，容易烦恼。这是因为，清醒的人把一切都看得太真切，对什么事情都太过于较真，结果生活中便烦恼遍地，而糊涂的人计较得少，遇事不钻牛角尖，无论是开心的事情还是不如意的事情，都豁达地一笑了之，却因此得到了一个潇洒轻松的人生。所以，人生的烦恼是自找的。不是烦恼离不开我们，而是我们撇不下它。

人生路漫漫，何必每天都风尘仆仆、行色匆匆呢？遇到好看的风景，我们不妨驻足欣赏，一旦错过，也许我们错过的不只是一个春天，而是我们的一生。我们努力去追求自己的梦想，勤勉当中，张弛有度，坚韧不拔，但凡事更看重过程，更看重心灵的感受，至于结局如何并不重要。

有的人以为人生最大的幸福在山顶，于是气喘吁吁、穷尽一生去攀登，最终却发现，他们永远登不到顶，看不到头。他们并不知道，幸福这座山原本就没有顶，没有尽头。有的人在登山的过程中，一路上从容地走走停停，看看山岚、吹吹清风、赏赏野花、听听溪流，心灵在放松中得到某种满足。这一路的风景萦绕于心扉，一样芬芳身心、恬静自我。

失也好，得也罢，我们该做到不以物喜，不以物悲。天地混沌，得失之间，原本无道。何必为一失一得而耿耿于怀，彻夜难眠？患得患失，徒然耗精劳神，百害而无一益。以从容的心看生活，天地自宽；以豁达的心待世界，得失皆好。一个人赤条条来到人间，原本就一无所有。名誉、财富、权势等，原本就是身外之物，生不带来，死不带去，何必怜惜？

无论生活给予我们的是甜蜜还是苦涩，我们都要尽量让幸福的感觉时常包围着我们，让我们的心里常常盈满喜悦。喜悦是幸福的本源，它来自于我们心灵的成熟与饱满，来自于我们心胸的豁达与从容。不妨用豁达把得失看淡，用从容把困苦看小，用坚韧去面对人生的坎坷。即使我们的人生路上风风雨雨，只要我们一路与豁达携手，与从容携手，与坚强携手，那么我们也会一直与精彩相伴，与幸福相伴！

真正的快乐天堂

不懂得宽容，也就不懂得快乐。一个人快乐，不是因为他拥有的多，而是因为他计较的少。

宽容是一种伟大的能力，当你宽容别人的时候，体现的是自己的伟大。当别人宽容自己的时候，请把它当作一种恩惠。不懂得宽容，也就不懂得快乐。

人不快乐的原因，主要是羡慕别人，妒忌别人，总觉得别人对自己不好或对不起自己，对自己或别人太认真，太苛刻，坠入思想的误区，钻牛角尖，不能自拔。

人都是有欲望的，而且大部分人都是“欲壑难填”。很多人不快乐，究其原因，就是不能保持一种释然的心态。古人云，知足者常乐。不快乐的根本原因就是欲望和需要没有得到满足，理想和现实存在着差距，得不到满足的人，心理是失衡的，进而导致了心态的失衡。

宽容是一个人成熟的真正标志，是一个人受益一生的美德。对人不宽容，其实正是自身懦弱的表现，一个对自己有信心的人是不用去忌妒或排斥他人的。宽容的人首先要有一颗爱心。他爱生活，爱生命，爱大自然的一切，当然也爱自己。宽容不是懵懂无知、无奈的退缩。宽容的人，洞悉世态，阅历人生，但又保持童心，不失纯真。宽容的人，内心宁静、丰富而安详。宽容的人，拥有敢于面对、永不怕输、不争一时之短长、志在千里、翱翔苍穹的心志。宽容的人，懂得尊重生命，懂得享受生命中的美好。

要学会宽容，就要学会设身处地替别人着想。很多时候，误会或仇恨源于我们的自私和狭隘，源于我们的愚昧和无知。山锐则不高，水狭则不深。当我们学会宽容，成功和幸福也就离我们不远了。

幸福的人生都是相似的，不幸的人生却各有各的不幸。其实，痛苦与幸福，常常在于我们对待生活的态度，是挑剔、刻薄，还是宽容、豁达。

没有任何人的一生是完美的一生，是没有一点错误的人生。人非圣贤，孰能无过？如果一有过错，就终日沉浸在无尽的自责、哀怨、痛悔之中，那么，我们的人生就太悲哀了，也就失去了生命应有的意义。我们活的是今天和明天，不妨试着放飞自己，把眼界放宽、放远。人需要善待自己，也需要原谅自己，不要让自己背负太重的包袱。但是，也不能揪住别人的错误不放，更不能拿别人的错误来惩罚自己。宽容了别人，其实，宽容的还是我们自己。人们所津津乐道的快乐，泛指当人的某种生理或精神方面的欲望获得实现或得到完全满足时，其身心便会兴奋愉悦，并由此带来身心的惬意快感。人类有万千种欲望，便孕育催生了万千种快乐。乞丐自有乞丐的快乐，国王自有国王的快乐，百姓自有百姓的快乐，画家自有画家的快乐，恋人自有恋人的快乐，苦行僧自有苦行僧的快乐。快乐，是人类生理或精神方面的感觉，是一种人生感受，是一种生命的常规体验。快乐是幸福的基础，是孕育幸福的沃土，是阳光和雨露，是幸福的摇篮。快乐与痛苦永远是一对孪生姊妹，上帝将快乐、痛苦同时赐予了人类。品尝过痛苦的艰辛与苦涩，我们才能体悟出快乐的酣畅惬意与甘美。

一个人快乐，不是因为他拥有的多，而是因为他计较的少。不少人因为过于贪婪而失去了快乐。人生如水，我们必须学会像水流一样适应环境。人生要有所取，也要有所弃，如同一尊雕塑，只有去掉多余的部分，才能雕琢成美丽的艺术品。

追求快乐，是人类与生俱来的天性与原始本能，是每个人拥有的权利。倘若一个人所追求的快乐损害了他人利益，甚至给他人带来痛苦，那就不是健康的快乐，而是一种病态的利己自私，甚至会导致犯罪。助人为乐的快乐则是一种高尚的精神层面的快乐。这种利他追求，对他人，是阳光雨露，是春风拂面；对自己，则是一种心灵的滋润。

幸福快乐与贫富无关，同心灵相连，一个人安于贫贱，不媚求于人，内心会有一种清亮的尊严和快乐。不因贫困而失落，也不因富贵而骄奢，不会被生理的欲望左右，保持内心富足的境界，这才是真正的快乐！生活本不平静，有失意的雨，沮丧的云，忧伤的霞，恼人的风。我们无法改变这个世界和周围的环境，也无法改变这些难免的遗憾，唯一可以改变的是我们这颗多变的心。一个心胸豁达的人拥有的是改变欲望的胸怀。与其把满足欲望当作快乐，不如净化心灵，让自己坦然面对一切。一个能读懂他人心思的人完全可以让自己快乐无比。愁也一生，乐也一生。快乐生活，快乐人生，真正的快乐天堂就在我们的心中。

“处处绿杨堪系马，家家有路到长安。”学会宽容，受用一生，潇洒一生。原谅别人的过失，快乐自己的人生吧！因为宽容，脚下的路会越走越宽。因为豁达，生活会处处充满阳光。

宽容是酿造生活美酒的蜜，是消除隔阂、沟通感情的法宝。理解他人，豁达大度，就能够保持心理的平衡，在人际关系中获得满足和快乐。因为拥有宽容，我们会一直享受快乐。

命运让我们学会微笑

只要学会了微笑，就永远不会贫穷。微笑着的人并非没有眼泪，只不过他把眼泪变成微笑，继续前进。

“草不谢荣于春风，木不怨落于秋天。谁挥鞭策驱四运，万物兴歇皆自然。”李白的诗里充满了坦然和从容。隐隐约约，他让我觉得，现在该做的，或者说，现在该学会的，应该是微笑，在充满烦恼、痛苦、希望、失望的人生中微笑！

我们不能改变世界，也不能改变环境，那么就来改变我们的心吧！

对于每个人而言，学会微笑很简单，也很寻常。微笑是人类的一种本能，是人类独有的天赋，是人类内心情感的外在流露。因为微笑是春日盛开的百合，夏日挺立的马蹄莲，秋日恬淡的红枫，冬日傲霜的白梅，一切都显得那么自然，不带半点功利和俗气。成功时，开怀一笑，能把心中的喜悦传染给别人；失败时，淡然一笑，能将短暂的失意化为梦的云彩；黑暗中，大胆一笑，邪恶会离你而去；阳光下，灿烂一笑，幸福会溢满心田；与人相遇时，善意一笑，能缩短心灵的距离；恋人分手时，默默一笑，能留下更多美好的回忆；受到别人伤害时，豁达一笑，所有的怨恨可以烟消云散；遇到不如意的事情时，自嘲一笑，快乐的心境可以瞬间恢复；成功时，平静一笑，成功已属于过去；穷困潦倒时，乐观一笑，你会拥有战胜逆境的信心。微笑是一种美容品，使我们的脸庞愈加美丽；微笑是从心底喷出的一股清泉；微笑是一种气质，是一种境界，是得意时的淡然，失意时的坦然，是宠辱不惊，看庭前花开花落的豁达与沉稳，是在艰难困苦日子里的怡然自得；微笑是一种振作，一种成熟，一种坚强，一种超脱的魅力。它具有乐观和轻松的风度，给你无穷的力量去战胜困难，甚至改变命运，使你努力实现人生理想，从而获得心灵超越，成为某种意义上的成功者。微笑着的人并非没有眼泪，只不过他把眼泪变成微笑，继续前进。微笑着的人并非没有痛苦，只不过他把痛苦锤炼成座右铭，愈挫愈勇。无论身处逆境还是顺境，要始终微笑面对生活。

微笑是我们抵御痛苦和烦恼的武器。微笑就是一个魔法棒，变幻了人与人之间细微而复杂的情感；微笑就是调味剂，使苦味变得香甜芬芳。微笑的人都是天使。渐渐地，你会发现人与人之间的关系其实是多么简单纯真！

不要赶走你的微笑，因为，也许不经意间，你已扫除对方心中的阴霾；不要赶走你的微笑，消除人与人之间的阴霾，也许就只是因为一个微笑。不仅仅是要对别人微笑，对自己也同样要微笑，无论何时，无论何地，微笑总是催人上进的法宝。失败了，微笑着等待胜利的下一站；成功了，微笑着迎接更美好的明天；跌倒了，微笑着站起来。人不可能永远都成为主角。能经历主角的辉煌，能承受配角的寂寞，永远微笑着坦然地面对一切，便没有什么事情是不可能发生的。当华美的叶片落尽，生命的脉络才历历可见！

用心来笑，微笑才会美丽。微笑是心灵的净化剂，更是调节人际关系的润滑剂。微笑需要细细品尝。有了这种微笑，世界才会因此而美好；有了这种微笑，心中才会充满对生活的热爱；有了这种微笑，我们终会懂得生活的真谛。微笑给人们带来的收获是无可估量的。人，只要学会了微笑，就永远不会贫穷；人，只要拥有天使般的微笑，就能够快乐幸福地活着；人，只要时刻保持微笑，就会在漫漫人生路上拥有一张永久的通行证。

荣枯难料，从容面对

时间能证明一切，往好的方向走，就能看到更美丽的风景。

山因风雨而朗润，梅因霜雪而傲然，荷因不为淤泥所染而高洁，人生因曲折而多彩。如果我们的生活是大海，我们就是漂荡在这无垠大海里的一艘船，我们这艘船要经得起暗礁，经得起鲸鱼的碰撞，经得起大浪的冲击，经得起冰山的考验。面对人生，就让我们以闲看云卷云舒、花开花落的心境，从容去选择，选择一种气度，选择一种风范，像诗人一样活着，像农夫一样劳作，赞美阳光，享受生命……

从容让干涸的生命变得丰富多彩，从容让久违的心找回自我的感觉。从容地挥挥手，挥去往日的纷争，挥去灵魂的束缚，挥去内心的焦虑。工作需要从容地进行，知识需要从容地吸收，胜利需要从容地争取，在人生大道上从容转身，还自己一个开放的空间。

从容是一种气质，一个从容的人是平和、朴素、恬淡、大度的人。从容与优雅是孪生兄弟，一个优雅的人是一个有品位的人，尽管身边环境变化万千，而内心却能够保持不惊不惧、不暴不弃，具有这种品格的人，能够浸润在风尘雨露中，面对着阶柳庭花，听得到自然的呼吸，感受得到自然的脉搏。这时，精神就会富有，心胸就会博大。从容自信带给自己的是淡定与充实，感染他人的是祥和与温馨。从容是一种理性，一种坚忍，一种气度，一种风范。拥有从容的心境，我们才能临危不惧，举止若定，从而化险为夷。只有从容地面对人生的选择，不惧怕危难，才能懂得生存的真谛。在瞬息万变的现实社会里，我们更需要保持一种平淡沉稳、从容自若的心态。远离浮躁，从容选择，是一个现代人适应社会环境的基本要求。

无论上天给了我们什么，是雨露的滋润，还是阳光的照射，是狂风的吹拂，还是暴雨的敲打，我们都可以从容接受，欣然地释放着生命的绚丽。如果给予的是伤痛，那么我们就学会坚忍，并因此练就释怀生命起落的本能；如果给予的是快乐，那么我们就幸福地绽开笑容，并把快乐传播；如果给予的是黑夜，那么我们就和星星、月亮一起迎接每一个黎明的到来；如果给予的是白昼，那么我们就尽情去欣赏鲜花绽放、绿草如茵、鸟儿歌唱、蝶儿轻舞，去拥抱这个美丽并充满生机的世界。

从容其实也是一种大境界。面对人生的挫折困难，失落的时候，我们更应该对自己笑笑，笑自己也笑人生，没有什么过不去的，时间能证明一切，往好的方向走，就能看到更美丽的风景。这样不是更好吗？何必抓着黑暗不让它走呢？明明希望就在眼前。哭过、笑过、痛过，一切都经历过了，那还需要再害怕什么？还有什么是不能过去的呢？那么不妨坦然地面对生活中难以预料的一切苦与乐、喜与悲，从容地去走过这一生，让生命在从容的步伐里诗意盎然，散发出清幽的芬芳。

无论痛苦与快乐、成功与失败，一切都将在时间无声的脚步中成为过去。我们不必为暂时的失败而气馁，也不必为一时的成功而骄傲。时光如流水，流走的是光阴和生命，乐观豁达地对待生命中的潮起和潮落，从从容容地度过人生中的每个寒冬和春天，以积极的心态面对生活，快乐会洋溢在脸庞，幸福感会洋溢在心中。

不让烦恼隔夜

能找到难过的理由，也一定能找到快乐的理由。

大千世界，滚滚红尘，人生的烦恼如影随形，很多人想甩都甩不掉。但是，随着岁月的流逝，我们的人生经历会愈加丰富，也积淀了更多的心灵感悟。烦恼虽不可避免，但是，所有的烦恼都是自找的，正是那句话：天下本无事，庸人自扰之。所以，一旦烦恼来临，我们不妨让它在最短的时间内得到化解，至少别让烦恼隔夜，用一个全新的自我迎接明天。

人生有笑有泪，有悲有喜，有苦有甜，既然人生是个矛盾的载体，我们可以试着让矛盾同化，在矛盾中寻找它们的统一点，我们不要被烦恼羁绊住心灵空间，不要让今天的烦恼留到明天，也不要让过去的、未知的烦恼左右我们的心情。过去的一页，过去了就过去了，能不翻就不翻，翻落了灰尘会迷了双眼。未来的一页想知道也无从下手，不如就活在当下。

人生再苦也要笑一笑，哭过了就够了，要是一直沉浸在悲伤的情绪中，人生也就变得没有什么意义了，毕竟，我们来人间走一回，还是需要多笑一笑的。遇到不顺心的事情，应该告诉自己不要紧，上帝关闭一扇门的同时必定会打开一扇窗。如果不能达成心愿，提醒自己没关系，生活中许多事，可能你经过再多努力都无法达成，只要我们努力过、争取过，结果已然变得不重要了。如果有时实在痛心，那就告诉自己，会过去的。不管雨下得多大，下得多久，总有晴天的时候。有种跌倒叫作站起，有种失落叫作收获，有种失败叫作成功。

如果昨天是美好的，就让回忆永驻；如果昨天是酸涩的，就让憧憬永驻；如果昨天是平淡的，就让珍惜永驻。如果昨天是一抹欢笑，就把欢笑收藏；如果昨天是一滴眼泪，就让泪水风干。点点滴滴地收集，点点滴滴地感悟，能找到难过的理由，也一定能找到快乐的理由。但是一定要记住，烦恼就烦恼了，不能让烦恼一直围绕在你身边。

忘却寂寞

忘却寂寞是一种智慧、一种气度、一种气魄。忘记所有曾经经历的羞愧和耻辱，进而学会快乐，懂得快乐，相信快乐，我们就会拥有乐观豁达的人生。

生活总是那么朝暮匆忙，当生活远离喧嚣，归于平静时，寂寞就容易涌上心头。此时，我们便会埋怨这，抱怨那，怨环境不好，怨周围的人不热情等，却不曾从自己的内心去寻找，只要我们打开心扉，以一颗包容的心迎接世界，寂寞就会不翼而飞。

人与人需要互相交流、互相温暖、互相关怀，但是由于我们自以为是，总是以自我为中心，难以和人相处，让自己变得忧郁、离群、自闭，开始和生活脱节，和社会脱节。不要认为人心难测、社会复杂，不要给自己的孤僻难处找种种理由，不能与自己周围的人融洽相处，彰显的不是所谓的个性，证明的只是狭隘和无知。所以，我们一定要从内心改正自己，将自己不善于与别人相处的毛病都改掉，充满爱心，才能走出寂寞。

生活在繁复的人世间，寂寞、无奈在所难免，但是我们可以把烦琐的事物简单化，豁达地面对生活，丢掉人生的无奈。何必要自寻烦恼呢？凡事多往好处想，随时随地保持心理平衡，守一颗平常心，处变不惊，笑口常开，就会快乐地度过一生。

忘却寂寞是一种智慧、一种气度、一种气魄。就让我们用乐观对待挫折，用坚强面对困难，看淡名利得失，忘却恩怨情仇吧。适应人生的气候变化后，我们便可以随时调整心情，忘却寂寞，远离寂寞，忘记烦恼忧愁，忘记苦涩失意，忘记昨天，忘记所有曾经经历的羞愧和耻辱，进而学会快乐，懂得快乐，相信快乐，我们就会拥有乐观豁达的人生，快乐也会永远陪伴在我们的身边。

让日子在微笑里延长

如果生活不够慷慨，我们也不必回报吝啬，不妨微笑着面对，随之而来的必是雪后青松、雨后彩虹。

微笑是情感的语言，无声而亲切；微笑是动听的音乐，美妙而婉约；微笑是生活里的阳光雨露，温暖而滋润；微笑是人们脸上高尚的表情，温馨而怡人！微笑是善意的表达、真诚的示意、美德的显露、修养的映照。面带微笑，洋溢的是你内心的敦厚淳朴，传达的是你内心的与人为善，散发的是你内涵的博大精深，体现的是你素质的高山仰止。

微笑让我们心情愉悦，微笑让我们建立友谊，微笑让我们的生活充满阳光。微笑挂在脸上，传达的是友善和亲和，是礼貌和风度，是一种道德和人格的力量。微笑虽然转瞬即逝，但却灿若星辉。微笑体现了鼓励、宽容、尊重和支持。一个会心的微笑，会给人留下片刻的愉悦和永久的回忆。哪怕心存芥蒂，耿耿于怀，也将随着相逢一笑而随风化去。微笑，是人际关系的润滑剂，是建立友谊的桥梁。生活需要微笑，无论你身居何处，无论你去向何方，真诚的微笑永远受欢迎。它给平凡的生活增加乐趣，给相貌平平的人增添色彩，让困苦和挫折历练成坚毅和果敢，让陌生和隔阂化解为熟悉和亲切。它是一种磁力，使人与人之间心灵相通，关系融洽，生活美满，幸福快乐。生活需要微笑，构建和谐需要微笑，让我们每天都洋溢着真诚而和善的微笑吧，生活在微笑中，生活就在甜蜜幸福里！

微笑使人年轻。人在微笑时心态自然，心情放松，身体也放松。因为人的五官和脏腑是相联系的，人的表情放松，其脏腑也就放松了。身体处于放松状态，五脏六腑也就能愉悦地为你正常运转了，这将使生命维持更长的时限，让你多享受阳光雨露的滋润。当心情不好时，试着笑一笑，我们会发现，活着真是一件幸运的事，没有比健康更重要、更令人心驰神往的财富，如果你什么也没有，至少还有健康，这是有些人梦寐以求却往往得不到的至宝，一旦失去了，花再大的价钱也难以追回。人的生命是有限的，我们无法延长它的长度，但可以拓展它的宽度。活出质量，活出潇洒，青春不老，永远年轻。

微笑使人快乐。微笑是关爱，微笑是来自心灵的真情流露。出门时带上你的笑，阳光满怀；回家时拿出你的笑，其乐融融；高朋满座时，爽朗一笑，春风化雨；沉思默想时，微微一笑，荡气回肠。当你把微笑送给你周围的人或是需要你关爱的人时，微笑会带来快乐，感染着你我他。微笑使人坚强。如果生活不够慷慨，我们也不必回报吝啬，何必要细细盘算付出和得到的必须一般多？如果能够潇洒生活，何必选择落寞？不妨莞尔一笑，坦然地接受生活给予的一切。坎坷是一双耐穿的鞋，艰险是一枚闪亮的纪念章，不要因为风而惆怅，也不要因为雨而忧伤，风和雨都不能使我们的心变得不晴朗。既然人的一生不可能事事顺利，当困难和挫折来临时，不妨微笑着面对，一切挫折都会轻若鸿毛，随之而来的必是雪后青松、雨后彩虹。

时光是公平的，不因你高兴而停止，也不因你失意而流逝。快乐是一天，郁闷也是一天。那么，就让我们用快乐来迎接每天灿烂的阳光，让日子在微笑里延长吧。

快乐的生命才完美

能为世界奉上哪怕是极微小的一份美丽，这样的人生一样是有价值的，飘着快乐的芳香的生命便是完美的生命。

悠悠岁月，悄然无声地从指缝间流逝。当我们醒悟时，剩下的或许只是一声叹息。人生苦短，岁月不待，在有限的生涯里，何必在失落与苦恼中徘徊？人生是一本厚重的书，需要用一生的时间认真研读，用心领悟，我们很难参透自己手掌那纵横交错的纹路，仿佛是上苍在说一切尽在命运，但是，为何不说一切命运尽在自己手中？

人生是一种大境界，不必强求一些局部的完美，只有如此，才能多一分洒脱，少一分怨恨和抱怨，生命里也才会多些开心。在人生旅途中，并非所有的呐喊都有回声，并非所有的蓓蕾都有开放的机会，只要我们以宽广的胸怀和乐观的态度对待生活的艰辛，永远都不放弃对生活的信念，那么无论怎样的生活都会变得有滋有味，无论怎样，生活里都会有笑声相伴。

在生命的旅途中，我们说不清自己最重视的人或物会在何时与我们分道扬镳，连我们身体的某一部分，都有可能不会陪同我们走到终点，只有心情，像影子一样，是我们一生不离不弃的挚友，是与我们的生命“等长”的东西，心情好，我们才能活得美，满怀着快乐，我们才能活出完美的人生。

快乐是一缕春风，染绿荒芜的山岗；快乐是一抹阳光，催开迟开的花朵；快乐是一汪甘泉，浇灌干涸的希望；快乐是一盏明灯，为他人也为自己照亮了前进的方向。快乐能使人世间的很多平凡变成精彩。

有一朵小小的蒲公英，不停在风雨中摇晃，她说：“只要盛开，就要怒放；只要坚持，就有希望!”蒲公英的世界被禁锢在小小的花盘上，可是她说：“眼里的天空无限大，虽然孤独，却从不寂寞。”风雨吹打着她，而她，却始终微笑，她说：“笑容就是一块调色板，只要能够拥有快乐，生命的画图上就有了最美丽的色彩。”

她把痛苦与泪水藏在花开的瞬间，她说：“只要还能怒放，就要开成最美的一朵蒲公英，即便最后香消花殒，也要在漫天飞舞中快乐地舞出生命的绝唱!”

生命是快乐的、顽强的，任何地方它都存在。春天来临了，枯草又活了，嫩绿的小草托着晶莹的露珠，反射出朝阳的光芒，她在证明，生命虽然弱小，但一样坚强而快乐。老树的枯枝，几年不长新叶，枝头上又慢慢地萌出了碧绿的新芽，她也在证明，只要生命还在，就要坚强而快乐地活着。石缝里长出的小花，她也出来证明，还有那一股一股慢慢往外冒的泉水，她也在证明，快乐的生命就是完美的生命。

谁都拥有梦想，或大或小，或远或近，实现梦想的路有千万条，或坎坷或平坦，或复杂或简单，也许我们要用一生去实现心中美好的愿望。也许那会是一条没有尽头的路，也许我们会感觉自己是一只疲惫的大雁，只能不停地扇动着翅膀向前飞翔，望天也迷茫，望水也迷茫，但是我们从未改变过自己的初衷，从未放弃过自己的向往，总是快乐地追逐着自己的梦想。也许在生命的最后，我们回首曾经的旅程，原来生命的旅途早已是一路芬芳。

历经人世沧桑后，我们会忽然明白，不是每个人都会长成参天大树，不是每个人都会成为栋梁之材。那就甘心做一丛杂草、一株野花吧，生命本身没有高低贵贱之分，能为世界奉上哪怕是极微小的一份美丽，这样的人生一样是有价值的，这样的生命也同样是辉煌的，这样平凡的一生依然是真实而美丽的。飘着快乐的芳香的生命便是完美的生命。

雨打芭蕉未必愁

如果真的能够积极乐观地面对人生，那么正是挫折引领我们走向更远的心灵深处。

“窗前谁种芭蕉树？阴满中庭，阴满中庭，叶叶心心，舒卷有余情。伤心枕上三更雨，点滴霖霪，点滴霖霪，愁损北人，不惯起来听。”每一滴雨滴里都有李清照思乡的泪，每一声雨打芭蕉声中都有她亡国的痛。阴满中庭，盈的是她的哀伤；叶叶心心，在雨中浸润的，是她的百结愁肠。

然而，芭蕉本无情，夏雨亦无心，愁的不是雨，痛的也不是芭蕉。对于心情处于悲伤状态中的人来说，听到雨打芭蕉，则点点是泪，声声是愁；对于心情舒畅的人来说，雨打芭蕉，是浪漫，是清新，是凉爽，是诗情画意。

雨打芭蕉发出的清脆鲜活的声音，同样能够表达一种别样的欢快与清爽。初夏时节，雨打芭蕉淅沥之声，听起来清新、流畅、活泼，极富南国情趣，也能表现出人们的欣喜之情。淅淅沥沥的夏雨轻轻落在翠绿的芭蕉叶上，时急时缓，时高时低，夹杂着湿润，裹挟着凉风，不仅扫去了初夏的微微炎热，更带来了人们心中的清凉。雨中的芭蕉，更显得鲜绿欲滴，雨水滴落在叶面上，伴随着叮咚脆响，飞溅出珍珠般的水滴，真可谓是“大珠小珠落芭蕉”的一幅雨中美景。

花也罢，芭蕉也罢，都不过是一种植物，遵循着自然的规律，花开花落，春荣秋枯，从古至今，它们被文人吟咏，被画家描绘，于是，它们就有了灵魂，有了灵气。但对于这所有的植物来说，未必是一种荣光。荣光，或者平凡，一切都只是人的臆想。在每个季节里自然开放的花、生长的叶，无所谓坚强，无所谓迎风傲雪，更无所谓喜，无所谓悲。花开，只是本性；叶绿，只是自然，一切的美好或伤悲，是人赋予它们的。内心的忧郁是一副灰色的眼镜，它让我们看到的是一个灰蒙蒙的世界，而这种忧郁又是来源于心灵的狭隘，把人生一点点的挫折放大到比 9 级地震还严重，把生活中一点点的伤心夸张得比洪水还猛烈。如果用豁达的心境去面对人生的种种境遇，则风雨何惧，不妨一蓑烟雨任平生。

我们要学会开导自己，树立正确的人生观和价值观，幸福是来自于自己的把握。我们常常觉得委屈，恰恰说明是委屈受得太少；常常觉得悲伤，往往是因为坎坷经历得太少。我们要乐观地面对人生，正是挫折引领我们走向更远的心灵深处。挫折带给我们的意义是伤痛后看到了一片更宽广而蔚蓝的天空。

雨打芭蕉，未必是愁，即使李清照的词中饱含了人生的伤痛，可是她依然用清新的语言呈现给我们一幅幅精美绝伦的画面，只有内心如李清照一般坚强而乐观的人才能真正与这位千古的才女产生心灵上的共鸣。聆听瑟瑟的风声，聆听潇潇的雨声，聆听寂寂的天籁，何不让风吹走心中的忧郁，让雨洗净内心的烦恼，让阳光给内心带来温暖？当我们用一种浪漫而乐观的心态去看世界时，我们会看到每一季的花开花落、叶卷叶舒，这都是无情的时光用有情的笔为我们写就的诗篇。

慈悲，就是坚持的善良

纵然有人可能利用和践踏了我们善良慈悲的心念，但是，他们能骗取的仅仅是有限的物质，骗不走的是我们心灵的财富。

善良是人的本性，也是做人的基本品德。一个人拥有一颗善良之心，就能以一种平和的心态对待世间的人和事，就会发自内心地珍爱世间万物。真正的善良应该是一种慈悲。而慈悲是一种境界，一种修为，是对众生的悲悯。

人们总习惯把慈悲与懦弱画等号，将善良和窝囊混为一谈，其实这是完全颠倒了。慈悲是一种智慧的显现，是善良的延伸和坚持。让缺吃少穿的人得到应有的保障，是一种慈悲；让缺医少药的人得到及时的救助，是一种善良；让遭遇灾难的人、失业的人、没有生活来源的人、缺少基本生活保障的人、年老失所的人、掏不起学费的人等需要帮助的人获得帮助，是慈悲和善良落在实处的体现。

慈悲、善良体现于物质，但其意义、内涵和后果不仅仅局限于物质。慈善事业真正赋予每个人的是希望。这希望不仅赋予了受惠者，也赋予了施予者，让他们在自己的行动中感受到人性的升华。在帮助、温暖他人的同时，善良之举也是对施善者内心的一种慰藉。凡是善良的人都是懂得感激的人，懂得回报的人。而远离善良的人不仅会远离高尚，远离美好，远离幸福，而且还会生活在精神的阴影里，被自私、狭隘、忌妒的情绪所困扰。

时时存着一颗善良慈悲的心，是我们做人的标准。面对那些求助之事，焉能熟视无睹、漠不关心？或许，我们的某些慈悲举措会帮助一些真正有困难的人走出困境，从而影响其一生的命运；或许，因为我们的宽容而唤起一些良知未泯的人，使其迷途知返。纵然有人可能利用和践踏了我们善良慈悲的心念，但是，他们能骗取的仅仅是有限的物质，骗不走的是我们心灵的财富。

如果我们感觉自己已经够善良了，此时，要坚持下去，忘掉自己在做善事，将善良坚持到底，那么这就是慈悲。慈悲是无我的境界，是对事物本来面目都了如指掌后的对矛盾的化解。

让我们永远生活在感动中

当爱与被爱化作如酥的春雨融入整个时代的精神背景，感动也就有了永不枯竭的源泉。

一次感动，就是一次心灵的珍藏，这种美丽的珍藏像种子一样，已在每个人心中悄然生长。它永远也不会消逝，哪怕有时它像冰一样凝结，但终有一天它也会像花一样绽放。

一个人就是一段历史，承载着过去，昭示着未来。它也许是历史浓缩的某一个断面，也许是人生的一段漫漫旅程，但都彰显了社会的进步与人性的光亮。

感动的力量是绵长的，它不仅仅限于几个人的相互取暖，更可以薪火相传。

感动是爱的表达，爱与被爱在感动中萌动着、滋长着、传递着，当爱与被爱化作如酥的春雨融入整个时代的精神背景，感动也就有了永不枯竭的源泉。

人海茫茫，过客匆匆。人群是一支接力的队伍，因为感动，我们心心相依，因为感动，我们同声共气。感动是春的气息，融化冰封已久的长河，让它涓涓而出，用积蓄了一个冬天的力量，向世界传递温暖。

感动是雨的气息，春雨润物般温柔细腻，仿佛是一位充满智慧的长者用慈爱的话语，温暖我们的身心，指导我们的行为，滋润万物的复苏，净化我们的心灵。不需要惊天动地的伟业，不需轰轰烈烈的人生，我们内心深处的感动就像绵绵不断的春雨，将沉睡一冬的万物叫醒，洗涤我们的灵魂。打开人们心灵的天窗，给心底以光亮，让这份感动永驻人间，让温暖不断传递下去吧！如果我们心念他人，伸出友爱的双手，那么众人的力量可以托起一片湛蓝的天空。

在感动的路上，让我们继续前行，让我们一路共勉！

向感动致敬，向所有使我们感动的朋友致敬！

不要让微笑在生活中枯竭

微笑总在风雨后，如果能快乐地对别人笑一笑，那我们就会获得同样的幸福。

生活是个五彩缤纷的世界，蕴涵着追求的艰辛，成功的喜悦，挫折的苦痛，独处的寂寞……但无论怎样，我们都不要让微笑在生活中枯竭。微笑着面对生活，微笑着面对人生，微笑着面对一切，把微笑给予别人，给予这个世界，也给予我们自己。

人生之旅虽然充满艰辛和困苦，但是，不论是失意，还是挫折；不论是阴云密布，还是困难重重，我们都要选择微笑。因为，从失意中走出，我们的内心更加坚强，经过挫折的锤炼，我们更加成熟。战胜重重的困难，就会走出阴霾的天空，见到充满希望的阳光。生活需要开心，需要微笑，微笑着享受生活，微笑着看待世界。选择微笑就会快乐，选择微笑就意味着幸福。

世界很复杂，但是，生活可以很简单。生命是一首简单的歌，而我们就是生命里那些编织着故事的人。我们的故事或悲伤，或快乐，都有它的理由。但是，在生活中，面对烦恼和忧愁，我们有的时候不能勇敢地面对，往往选择退缩和逃避，做了弱者和懦夫，实在是可悲可叹。其实，生活中烦恼和忧愁来临时，我们无须逃避，也无法逃避，唯有坦然面对，勇敢地接受，才能将烦恼的乌云驱散。从烦恼中走出来，我们就会对人生多一份认知，多一份智慧。烦恼天天有，皆是庸人自扰，看开一些，看淡一些，何来烦恼？何来忧愁？因此，我们的生活不变的应该是开心，是快乐，是欢笑。笑对人生，我们的生活就会充满无限惬意。

也许我们的人生并不完美，我们还不够坚韧。但是只要我们做过，努力过，就不会后悔。有句俗话说得好："反省是向过去说再见，而反悔是重新走向过去。"所以，我们要常反省，少反悔。"悟已往之不谏，知来者之可追。"认清生命的真谛，我们依然要奋力前行，带着乐观和坚强，充满希望与期待。人生中难免失意，难免有坎坷，困境可能会将我们暂时打倒，却不会将我们的一生摧毁。不管遇到任何困难，我们都应该用真诚的微笑去面对，用自己的热情去融化冰山雪岭，去战胜一切困难，去感动世界，也会感动我们自己。

微笑总在风雨后，如果能快乐地对别人笑一笑，那我们就会获得同样的幸福。微笑是幸福的诠释，微笑是快乐的意义，微笑是温暖的真谛，微笑是坚强的象征，微笑是无声的语言，微笑是美好的传递，微笑把阳光带给人间。微笑着面对生活，生活就会给我们带来更多快乐；微笑着面对拘谨，冷漠就会变得温和，紧张就会变成轻松；微笑着面对困苦，困难就会变得弱小，挫折就会变成财富；微笑着看待事物，我们的心胸就会博大宽广；微笑着承担重任，乐观就会使我们减轻压力，助我们走向成功；微笑着面对人生，乐观将伴随我们一生；微笑着面对成功，成功的前面又有新的起点；微笑着面对邪恶，邪恶将在正义面前溃败，在善良面前低头；微笑着面对善良，善良会孕育出更大的爱心；微笑着面对失败，失败也将化成缤纷的云彩。

微笑是盛开在人们脸上的一朵美丽的花，时时刻刻散发着迷人的芬芳，而越是纯洁的心灵，越会彰显它的美丽。愿这朵美丽的花朵不分季节，不分南北，永远在我们的生活中开放。

帮他人开启一扇窗

用宽容帮助他人开启一扇理解的窗，也就是让自己看到更完整、更广阔的天空。

当你宽容别人的时候，你就不会感到自己和别人站在敌对的位置。宽容产生的道德上的震动比责罚产生的要强烈得多。

能宽恕别人是一件好事，但如果能将别人的错误忘得一干二净那就更好，因为“我能原谅，但我忘不了”是“我不能原谅”的另一种说法。其实每一个做错事的人都有他值得同情和原谅的地方，一个人的过错，常常并不是他一个人造成的。

人与人之间常常为一些小事彼此无法释怀，结果造成难以弥补的伤害和永远的遗憾。如果我们都从自己做起，开始有耐性、多方位地看待他人，相信我们一定有许多意想不到的收获。

用宽容帮助他人开启一扇理解的窗，也就是让自己看到更完整、更广阔的天空。

相信爱

有相聚就有别离，这是人生的必然，抬起头，阳光一样灿烂。

不要抱怨楼房的拥挤、都市的喧嚣、人情的冷淡，不要用漠然的脸孔去面对如潮的人流。无论世事如何变化，人间真爱永在，它不会时时刻刻在我们眼前闪现，可一旦风雨来袭，它便如山洪暴发般席卷而来，给你感动，给你震撼。

不要为亲人的离去悲痛难抑，不要为朋友的远行难受不已，不要用忧郁的眼睛把生活看得黯淡无光。有相聚就有别离，这是人生的必然，抬起头，阳光一样灿烂。生活是一个舞台，下一幕开场有新朋友真诚的期待。

不要为生活的艰辛埋怨，不要为事业的挫折悲哀，不要因为悲观的心绪迷失于苦难的阴霾。生活虽有许多无奈，许多真心的朋友仍在默默对你关怀，困苦只是短暂的，爱的光芒会穿透天空的乌云，重现一片阳光明媚的蓝天。

酸甜苦辣是生活固有的滋味，风雨沧桑是一路的风景，但爱真实存在，我们不要让纷扰的世事把它掩盖，不要因为一时的不幸便对它有所怀疑，也不要因为生活的平淡而把它遗落。

相信爱，它是生命的血脉，流淌在你我的胸膛；相信爱，它是让梦想飞翔的力量；相信爱，它是一轮永不西沉的太阳，会驱散生活的迷雾，给生命无限的光芒。

学会放生

人的一生都是在开拓、奋进中前行的，随顺自然，适应社会，我们才能活得更加自在，更加洒脱。

上天有好生之德，为了唤醒人们的良知，让我们学会放生吧，维护大自然的生态平衡，让飞禽免遭网捕，冲出牢笼，回归湛蓝的天空，在浩瀚无垠的天空中自由地翱翔，也让我们的天空充满了欢畅。

学会放生，会减少环境污染，让我们的水源更加干净、更加清澈，让鱼儿欢快畅游，免遭诱捕。

学会放生，会绿化我们的家园，营造更加和谐的生态环境。让绿树成荫，让森林更茂。让生长在地球上的动植物茁壮成长。让那些动物在森林里穿行，在草原上奔跑，免遭猎人的追杀。佛说：“救人一命，胜造七级浮屠。”那些可爱的小生命也应该得到它们生存的权利。放生、护生，利己利人，惠及子孙后代，功德无量！

学会放生，更要学会放生自己，给自己更大、更宽广的生活空间和舞台；不要给自己太大的压力，不要让自己活得那么累，不妨让自己从繁杂、琐碎的日常事务当中解脱出来；自己的一切只能自己主宰，祈求任何人都是无用的。

其实每个人面前都有一座山，想要翻过这座山，路在自己脚下，是要自己去找，甚至要自己去开凿。每个人从出生开始，所走的每一步路都不是平坦的，人的一生都是在开拓、奋进中前行的，要将自己完全放生在这片树林中，让自己与这茂密的树林融为一体，不要与大自然的一切产生对立、对峙、对抗。随顺自然，适应社会，我们才能活得更加自在，更加洒脱。

放生自己，你会感觉这个世界是如此美好，天会更蓝，水会更清，路会更宽，花会更艳，阳光会更灿烂，笑容会更可爱。

放生自己，我们就能够认清自己，你会更清楚自己想要什么，自己的目标是什么，可以更好地去追寻自己的理想。

学会放生，会让世界更加和谐，更加安详。以放生改善人类生存环境，以放生祝福祖国富强安宁，以放生为世界各地人民祈求幸福和平，这是我们每个有良知人的深切心愿！

心在慈悲中重生

慈悲能唤醒人的良知，慈悲是人类得以延续的精华所在。存一个善念，就会幸福每一天。

人生在世，我们不可能一帆风顺，总会遇到让我们厌恶、唾弃的事情，总会遇到可怜又可悲的人，但是我们可以努力使自己宽容一点，豁达一点，心平气和一点，哪怕我们的人格不够伟大，也要让我们的心灵充满慈悲，用慈悲感染世界，用慈悲温暖我们的心灵。

人类社会最可怕的就是行为的残酷和精神的冷漠，可是却总有人无法躲避这两种悲惨的现实，心灵丑陋得不堪入目。要知道，冷酷的心最可怕，那样的人无异于没有灵魂的尸体。

所以，社会需要有慈悲心的人。慈悲能唤醒人的良知，慈悲是人类得以延续的精华所在。存一个善念，就会幸福每一天。让心觉悟，自觉才能觉他。觉悟的人生才能给这个世界多一份清凉，觉悟的人生才能让这个社会多一份祥和，也才能让人看到活着的希望。

我们完全可以学着用慈悲诠释曲折的人生。世界很美，不仅是因为有春的烟波画舫，夏的朝云暮卷，秋的云霞绚烂，冬的冰肌玉骨，更是因为有慈悲的滋润，有关爱的呵护，有理解的支撑，有祝福的陪伴。

因为懂得，所以慈悲。哪怕是一个穷得家徒四壁的家庭，只要每个家庭成员拥有善良、乐观和开朗的内心，这样的家庭仍是心灵的天堂与快乐力量的源泉。就让我们在人生处于低谷时，打开心灵的窗户，放飞心灵的翅膀，让心在慈悲中重生吧！

问候一下过去的岁月

命运的盾牌是双面的，一面是失意、困惑，翻开另一面，我们就会找到希望、快乐。

人生就像是大海里的船舶，只要不停止航行，就会遇到挫折，就会遭遇风险。人生的经验告诉我们，无论我们选择了什么样的工作、什么样的人生道路，都免不了遇到困境和灾难。然而，失败了，跌倒了，重新再来，勇敢地面对困难，乐观地迎接挫折，清醒地看待人生，就会获得幸福而快乐的生活。

每逢年终岁尾，不妨回头看看自己曾经走过的路。一转身，多少的足印，远远近近，深深浅浅，每个足印里都有自己曾经挥洒过的汗水和泪水，每个足印里都有往事里难忘的记忆，每个足印里都装满了人生的酸甜苦辣。回首过去，是一份对生活的品味，是一种对人生的咀嚼。

当重温往事时，我们才恍然发现，生活中的那些喜欢与不喜欢的人都是我们在尘世间的伴侣，所有顺利如意或艰辛坎坷的岁月，都是我们自己的历史里精彩的一页。也许我们经历磨难，但是磨难让我们懂得了珍惜，珍惜心底的快乐，珍爱宝贵的生命，珍视眼下的幸福。磨难也让我们懂得了感恩，感恩平平安安的生活，感恩健健康康的身体，感恩自己活在了这么美好的当下。人似乎总是生活在不如意中，但回忆过去，哪怕再苦涩的回忆，也总能品出甘甜。幸福与快乐似乎只能是昨天与明天，其实幸福与快乐原本时时存在，只是缺少一份发现它的心情而已。

如果遭遇了磨难就怨天尤人，如果遭遇了挫折就自暴自弃，如果面临逆境就放弃了追求，如果受到了伤害就一蹶不振，那么我们将永远生活在灰暗的天空下。命运的盾牌是双面的，一面是失意、困惑，翻开另一面，我们就会找到希望、快乐。不管是昨天、今天，还是明天，一切都掌握在自己的手中。曾经我们都是那山脚下天真无邪、懵懂、不谙世事的孩子，却终于在历经磨难后渐渐长大，成为山顶上坚强、勇敢、沉着、不凡的男子汉。

生命是一段匆匆而过的旅程，只有把握好每一天，才能拥有一个实实在在的美好人生。既然世事总是不尽如人意，我们就要设法使自己适应现状，而不是设法强迫一切适合自己的心意。

人的一生像是一次长途跋涉，我们不停地行走，沿途会看到各种各样的风景，历经许许多多的坎坷，如果把走过的、看过的都牢记心上，就会给自己增加许多额外的负担，阅历越丰富，压力就越大，还不如一路走来一路忘记，永远保持轻装上阵。过去的已经过去了，时光不可能倒流，除了吸取经验教训以外，我们大可不必为成败得失耿耿于怀。

乐于忘怀是一种心理平衡，我们需要坦然真诚地面对生活。有些人能够忘记失意时的尴尬和窘迫，却对顺境时的得意津津乐道，岂不知成功和失败一样会留在过去，老是沉湎过去不能释怀，把昨日风景当作眼前美景，让过眼烟云在心头永留，沾沾自喜，自鸣得意，便会不思进取，裹足不前。好汉不提当年勇就是把曾经的成功和辉煌一并忘怀，不断地开始，才会不断地有新的进步。

反复咀嚼过去的痛苦，永远一脸的忧愁苦恼就更不足取了。“如果你为失去太阳而哭泣，你也将失去星星。”为鸡毛蒜皮斤斤计较，为陈芝麻烂谷子念念不忘，只怕心灵之船不堪重负，记忆之舟承载不下，会让痛苦的过去牵制住未来。生气是拿别人的错误来惩罚自己，老是忘不掉别人的坏处，实际上深受其害的是自己，既往不咎的人，才是快乐轻松的人，那就怀揣一颗感激的心去珍藏感动和感恩吧！

岁月漫长，记忆中却有那么多的往事清晰得仿佛就发生在眼前。我们回忆着那一幅幅感人的图片，听着那一个个感人的故事，个人的情绪在顷刻间显得如此微不足道，这世界因为爱而永恒，让时间把它酿成美酒，留给人间一片香醇。

曾经沧海之后，再去看世界，便是云淡风轻、日升日落般泰然了。有欣喜，有伤痛，有泪水与欢笑，这就是我们的似水流年。似水流年，流年似水，而永不流逝的，是一路上美好并有意义的幸福时光，回首年华，别来无恙！

第五章

让内心获得圆满

跨越命运的栏杆

从懵懂无知的少年，到阅尽世事沧桑的老者，生命的价值在于经历。

天上月依旧，心头事不同。春夏秋冬，枯荣交替，周而复始，却换不来一生的从容。多少故事横在心头，我们总是以为自己是故事里的主角，用自己的无知重复着无知，当握紧这一切的时候，才发现自己手心里空空如也。

跨越命运的栏杆，从懵懂无知的少年，到阅尽世事沧桑的老者，生命的价值在于经历。生老病死，爱恨情仇是人生亘古循环的一场苦旅。摆脱是非的纠缠，抹掉伤痛的记忆，过去的已经过去，所谓的痛苦和磨难都不值一提。我们要在经历中锻炼，在经历中成长，打理好自己的心情，去走好下一步的旅程。

跨越命运的栏杆，经历四季的更替。享受春的温暖、春的灿烂、春的明媚，抛弃夏的烦躁，让秋收的喜悦冲淡秋风的凄苦和孤寂，忍耐冬的寒冷，欣赏冰雪料峭的美丽。寒冬过后又是魅力无限的春天。

成功不必大喜，喜极而泣，乐极也会生悲；失败不要沮丧，只要我们付出了努力，流出了汗水，就一生无憾，就是属于我们自己的成功。坚强和自信是不屈的脊梁，知足常乐、开心生活才是我们的一贯主张。

破坏自然不可能达到和谐，执着于人与人之间的争斗也不会有美满的结局。当所有的记忆都淡去，留在我们心头的是对生命不灭的热忱和对未来不灭的希望。

跨越命运的栏杆，抛却是是非非、恩恩怨怨。人生短暂，不妨好好珍惜，被恩怨纠缠，被是非牵绊，会使我们的人生变得黯淡，丧失生命应有的意义和光彩。

跨越命运的栏杆，也就是跨越自己的成见。自以为是，很可能造成坐井观天的狭隘；一叶障目，只会限制了我们心胸的拓展。所谓的“跨越”，只是为了找回我们应有的天真和烂漫。宽容会让我们的心自由翱翔在无垠的天空。那就让花香停留在每个逝去的岁月里，让时空为友谊让路，让泪水为希望壮行吧！

走向自己生命的完美

宽容别人，其实宽容的是我们自己。理解别人，体谅别人，给别人一个生存的理由和空间，我们的天地将会更加宽广无垠。

金无足赤，人无完人。人生都存在着这样或那样的缺憾和不足，所以，需要我们不断去修正和完善，逐步走向人生的完美。

每个人都渴望完美，然而，要达到完美又何其难啊！我们需要在内心深处储存对完美的追求，正所谓“无志者无以生”。有了人生的目标，我们才会有方向感，才会在这个追求的过程中充实自己，完善自己，使人生走向完美。

“人有悲欢离合，月有阴晴圆缺，此事古难全。”人生在世，总会经历太多的风雨洗涤和霜雪磨砺，十之八九都是不如意，我们若沉浸在痛苦之中，那只会让痛苦放大，增加痛苦的程度，人生的缺憾就更加难以弥补，走向人生的完美境界也就成为无稽之谈。

人生犹如一叶扁舟，只有继续扬起理想的风帆，荡起自强不息的双桨，才会寻找到真正属于自己的最宝贵的东西。在失望的日子里，要振作，去弥补懦弱的缺陷。只要不断种植希望，提升生活的信心和勇气，自强自立，终会有新的美好来临。在实践中你会发现，生活对我们并不吝啬，用微笑面对所有的所有，生活处处彰显着精彩和美丽。

驱走内心的痛苦和压抑，曾经忧伤的脸上就会绽放灿烂的笑容；告别幼稚和无知，纯净的心田就会收获成熟的果实；摒弃自私和狭隘，展现在我们面前的，就是一片没有阴霾的天空；摆脱病痛和衰老的困扰，健康的心灵就会永葆青春的活力。

人生是否完美，完全取决于我们内心的感受。世界是美丽的，也是完美的，它本无缺憾，只是我们那颗千变万化的心存在着不健康的东西。如果我们解放思想，获得心灵的超越和精神的升华，抛却内心的不满和偏激，知足常乐就是人生比较圆满的结局。不要与任何人、任何事对抗和对立，顺应时代，顺应发展，在不断变化的矛盾中寻求它应有的统一，才能更好地适应这个社会。世界上发生的一切都有它固有的因果关系，既然已经发生了，它就是合理的，你若认为不合理，乾坤也不会因你而倒转，只能给自己带来不必要的麻烦和不如意。如果谁触犯了法律，法律终会给他一个公正的审判结果。认同社会，我们的生活就少了很多的烦恼和忧虑，生活中就会充满着无限的阳光和乐趣。

心灵的解放，还要在生活中去体验和证明，少一些爱恨情仇，少一些恩怨是非，少一些对错的分辨，我们的生活就会少很多麻烦。宽容别人，其实宽容的是我们自己。理解别人，体谅别人，给别人一个生存的理由和空间，我们的天地将会更加宽广无垠。

我们不要有意无意地伤害他人，其实，那伤害不到他人，真正伤害的还是我们自己，对他人的尊重也会更好地保全我们自己。生活中处处充满着精彩和美丽，彰显你的智慧，挖掘你的潜能，去走向人生的完美吧！

希望挂在所有的枝头

只要在痛苦中不放弃希望，不放弃开启生命之花，那么，所有的磨难都是生命之花最好的养料。

清晨，当东方的第一缕阳光透过窗纱照到床前，鸟儿欢快的鸣啼把我们从梦中唤醒，伸伸懒腰，睁开惺忪的眼睛，新的一天又开始了，新的希望也开始了。

如果说生命是一座庄严的城堡，那么，希望就是那屋顶的梁柱；如果说生命是一棵苍茂的大树，那么，希望就是那深扎的树根；如果说生命是一只飞翔的海鸟，那么，希望就是那飞舞的翅膀。希望是生命的源泉，失去它，生命就会枯萎。没有信念，生命的动力便荡然无存。当我们遭遇挫折，在困境中低迷徘徊时，希望是为痛苦而吹奏的音乐。希望中蕴藏着极大的力量，它是坚强的勇气，是新生的意志，它使我们的志向和幻想成为事实。

我们一生中往往要经历许许多多的事情，每个人的生活轨迹都不一样，有的历经艰辛坎坷，有的一生风平浪静，但是只要确定了前行的方向，就要勇敢地向前奔去，一路的风景也会异常美丽，并且会给我们带来欢乐。其实每个人的一生都如同一团泥巴，只看我们如何去捏塑，只要不让苦难和挫折动摇我们的梦想，只要我们坚持并努力着，我们的梦想就会出现在触手可及的前方。

也许，永远没有那一天，前程如朝霞般绚烂；也许，永远没有那一天，成功如灯火般辉煌；也许，我们只能不断攀缘，却达不到峰顶；也许，只能我们奔流，却掀不起波浪；也许，生活能给予我们的，只有一颗饱经沧桑的心和满脸的风霜。但是，我们追求过、努力过、奋斗过，受过磨难，流过汗水，即使不能实现梦想，人生也会因此变得丰盈起来。也许我们没有得到自己最初想要的，但因为对梦想的执着和追求，我们却会意外地得到生活的馈赠：这一路多彩的风景、这一生丰富的经历就是我们生命最珍贵的收获，我们最终还是得到了一个无憾、无悔的人生。

无论遇到什么困境，哪怕一无所有，也不要停下追求的脚步，因为我们还拥有梦想。有梦，脚步就不能停下。只要不让年轻时的梦想随岁月飘逝，成功总有一天会出现在我们的面前。谁都不知道命运会做怎样的安排，但是，只要我们努力并坚持着，结局便会不一样。

人和人的聚散，像天上的流云，像水中的浮萍，时而聚合，时而分离。分分合合，是天地间的必然规律。如果总是不肯忘掉过去，就无法变得幸福快乐，生活就会停滞不前。

不管曾经发生过什么，既然无法改变过去，那么最好忽略它们，把所有的精力用在处理当前。既然伸出双手也捧不起水中的月亮，那么就让昨日成为记忆，也成为纪念吧。

人生并非只有一次缤纷烂漫，凋零的是花，不是春天。不要因为海棠花凋零，便把生命看得毫无希望，即使所有的枝叶都已随风飘落，那光秃的枝头依然蕴藏着满满的希望。只要梦想还在，我们就不会悲哀，纵使黑夜吞噬了一切，太阳还可以重新回来；只要生命还在，我们就不会悲哀，纵使陷身茫茫沙漠，还有希望的绿洲存在；只要明天还在，我们就不会悲哀，冬雪终会悄悄融化，春风定会姗姗而来。

即使在风雨中我们受了伤，只要我们是坚强的，依然一如既往地热爱生活，依然积极乐观地去面对生活，那么，伤口处开出的仍是希望，是生命之花。蚌在痛苦中孕育着晶莹的珍珠，蛹在桎梏中孕育着美丽的飞蛾，只要在痛苦中不放弃希望，不放弃开启生命之花，那么，所有的磨难都是生命之花最好的养料。看那欣欣向荣的枝头上，樱花炽热浓烈地盛开着千朵万朵，每一朵绽放的都是我们的希望。无论四季如何轮回，无论有多少的风霜雪雨，希望永远挂在所有的枝头。

点亮未来的彩虹

无论自己是多么平凡，我们都不要放弃生命的希望，既然拥有了生命，就要让生命绽放得最灿烂美丽。

哲人说，生活是一片等待开垦的土地，那里乱石嶙峋，蒺藜丛生，但只要我们勤于耕耘，勇于拓荒，那么沙漠也会变为绿洲，贫瘠的土地也会变为良田。

其实，生活是一首婉转回旋的歌谣，旋律高低起伏，错落跌宕，时而是排山倒海的恢宏乐章，时而是小桥流水的丝竹小唱；时而慷慨悲壮，似江河鸣咽，时而低回哀婉，如冷月悬空。只要我们怀揣着不灭的信念，撷取乐曲中迸溅的火花，就能收获昂扬向上的旋律，沐浴生活的七彩阳光。

生活如四季更迭，其间蕴含着春天的明媚可人，夏天的风云变幻，秋天的丰饶实在，冬天的萧瑟冷峻。人的一生中或许会遇到无数的挫折和失败，也难免会有山重水复之感，但是，当我们挺直脊梁的那一瞬，蓦然峰回路转，柳暗花明，一伸手，刚好就能摘到生活馈赠给我们的那一串串笑意盈盈的果实。也许只是一句鼓励的话语，就可以托起生命里全部的希望。从前有一个男孩，从小就爱笑、爱唱歌、爱弹琴，可是在一次踢足球时，皮球击中他的眼睛，他从此双目失明，陷入深深的黑暗中。人们再也看不到他的笑容，听不到他优美的歌声和美妙的琴声。他感觉自己在黑暗中不断坠落，坠入到一个无底的深渊，看不到世界的一丝亮光。就在他无比痛苦、失望的时候，他的父亲轻声对他说："孩子，别气馁，你虽然看不见眼前的世界，但你至少可以让这个世界看到你。"

就是父亲这句"你至少可以让这个世界看到你"激励了他，鼓舞了他，使男孩的心头亮起了一盏灯，一盏希望的灯，一盏自信的灯，一盏让世界看得见自己的灯。于是人们又看到了他脸上的笑容，又听到了他优美的歌声和美妙的琴声。渐渐地，他的歌声唱响了全世界，许多重要场合都留下了他的身影和歌声……

这位看不见世界，但用自己执着而自信的脚步，一步步走向世界，一步步走到世界人民的面前，让世界人民看见自己的盲人音乐家就是被人们称为"帕瓦罗蒂逝世后最伟大的男高音歌唱家"——安德烈·波切利。生活给了他苦难，但是面对苦难，他用内心的坚强和对生命的孜孜坚守创造了生命的辉煌。无论自己是多么平凡，也无论人生道路上会遭遇多少风雨，我们都不要放弃生命的希望。看那小小的蒺藜都顶着柔软精致的小花在春风中微笑，既然拥有了生命，就要让生命绽放得最灿烂美丽。

又一个春天来临时，杏树迎着和煦的春风，在明媚的春光里开了满树的繁花，花落了，便又继续长出绿葱葱的叶子，到了夏初又捧出一树金灿灿的果实，在寒冷的冬天，虽然早已落尽了花和叶，但它依旧披着一身的风雪，杏树这一生都努力以美丽的姿态挺立着。其实我们人就像杏树一样，最初的美丽梦想就是那一树的繁花，梦想之后就是奋斗的热情和不懈的努力，就像那些郁郁葱葱的绿叶，而成功之后的喜悦就是那些沉甸甸的果实了。最重要的是，即使在人生的冬季里，它们也不放弃梦想，依然傲视风雪，在风雪中孕育新的希望，点亮希望，点亮未来的彩虹！

相约未知的时空

人生当中，真正重要的不是遇到了哪些事情，而是如何面对所发生的一切，并创造各种不同的人生。

面对每一天崭新的太阳，我们是否会在心底升起一种感激之情？时光流转，斗转星移，我们是否从中发现了生命的美丽？

在蜂飞蝶舞的芳草地上放牧日益疲惫的心灵，我们会感悟到世间的一切原本是如此的美好。生命的茂林中，流光溢彩，地上斑驳的影子只是阳光下美丽的点缀。漫漫人生路上，风雨的起起落落，同样也是一种别样的风景。一切都源于一颗善于感悟的心，以及一双能捕捉每一个感动瞬间的眼睛。

当跋涉的双脚在坎坷的路上踏出无悔的印迹，当一颗心于黯淡的境遇中迎来新的曙光，我们的胸中是否充满了对生活的感恩之情？当我们用一颗最虔诚的心去拥抱生活时，就会发现生活处处存在美好。用真情去补缀所有断裂的时光，用热诚去擦亮每一个黑暗的角落，世界在我们的眼中将会变得生动无比。

当太阳悠悠落向西山，我们应该在黑暗中发现另一处风景。皎皎明月，耿耿星河，同样会映亮身畔的一草一木、一沙一石，映亮可以珍藏在心底的所有点点滴滴。对于失去的东西不要长久地耿耿于怀，要相信更美的东西就在前方，如果我们为失去的太阳哭泣，那我们也就失去了群星。心怀抱怨只会使原本充满希望的日子变得索然无味，而心存感激就能拭去路上的漫漫风尘，使生命中的每一天都清新无比。

日子一天一天过去，从花开到花落，从花香浓郁到花香淡去，我们要平和地接受生命中的每一次赐予，不必太计较得与失。生活就是这样，当我们不求全责备的时候，我们便会感到满足，感到满足时，就可以感受到快乐了。

生命并不是一帆风顺的幸福之旅，而是波动在幸与不幸、沉与浮、光明与黑暗之间。当一个人遇到不幸之时，可能会自我哀叹，逆来顺受；可能会意志消沉，一蹶不振；也可能勇敢面对不幸，迎难而上。当不幸袭来时，何不把它看成是上天为了考验我们的意志而安排的？往往不幸的出现就是人生的一个转折点。

每个人都要善于学会接受我们不能够承受的东西，那是生命过程中无法避免的，只要达观地看待就行了。更多时候，我们在生活的路上走得艰难，走得不好，不是路太窄了，而是我们的眼光太狭窄了，所以堵死我们的不是路，是我们自己。人生当中，真正重要的不是我们遇到了哪些事情，与什么样的人打交道，而是如何面对所发生的一切，并创造各种不同的人生。

月有阴晴圆缺，人有悲欢离合，人生在世，哪能事事尽如我意，倒是不如意的事十之八九，但仍然有许多人从容面对，把自己的人生经营得有滋有味。我们不妨豁达些，面对逆境时，依旧爬上屋顶看风景。即便是山崩地裂了，也不可怕，只要活着就有希望。有梦，脚步就不能停下，带着爱奔走在人生路上，柳暗花明的日子已经为期不远。

不要因为寒冷的冬天而沮丧，春意正孕育在枝头，一切美好已经藏在岁月里。带着希望往前奔跑吧，无论是阳光明媚还是飘雨飞雪，都是我们生命中不可弃置的美丽时光。草绿了，我们就享受那份油绿；蝉鸣了，我们就聆听它们欢快的歌唱；叶黄了，我们就品味秋意；下雪了，我们就欣赏雪花的飘舞。用心珍惜每一个属于你的日子，到头来我们终会拥有一个无愧无悔的人生！

让我们怀揣着希望，相约未知的时空，相约美丽，相约辉煌吧！

把握今生

不管人生之路有多少风和雨，我们都不要停止前进的脚步，不畏困难并勇于战胜困难的人才是生活中的强者。

在生活中，我们常常被周围的人和事感动着。因为有了鲜花绿树，才有鸟语花香；因为有了海涛浪花，才有烟波浩渺……我们在感动的氛围中成长，一步一步走向人生的成熟，从而学会了感悟生命，珍爱生命。

生命是一条崎岖坎坷的路，路上有荆棘、沼泽，也有鲜花和掌声。生命是一场充满抉择又充满拼搏的较量，较量中的每一个选手都是主角。除了幸运的顺境之外，面对逆境的艰难困苦，我们所要战胜的最大“敌人”，不是别人，而是自己。

现代社会，每个人有自己的价值观和人生追求，这很大程度上决定了我们最终得到的结果。而有些人希望做事能获得成就感，有些人则追求快乐至上。很多时候，我们在不断的追寻中迷失了自我，不知道什么是自己最想要的。我们创造了这么多不同的结果，生命并没有因此而改变。对大多数人而言，生命存在于时间的轴线上，生命存在的真正意义就是要做永远的现在，即生命的进行时。把握住当下就能把握今生。

生命中的每一次相遇都是一种缘分，那就让我们好好活着，坦然对待短暂生命中的每一次经历，让每一个生命经历它所需要经历的一切。当我们拥有豁达的心胸时，生活也会越来越快乐。

生命有好多种。人的生命，不应该像瓷器和花朵那样脆弱娇嫩，禁不起一点磕碰和吹打，应该像天空高悬的星星，即使一时被云遮盖，也要在它的位置上发光。有些生命虽然短暂，却依然打动我们。瀑布的生命，在于征服悬崖绝壁的阻挡；当蓓蕾绽开青春的笑脸，甘露的生命却已枯竭，但在绿叶的心里，它得到了永生；昙花从不奢望生命的永恒存在，却集生命之美于短暂的一现中，显示了生命的奇光异彩。

人的生命只有一次，但我们往往不知道珍惜，很多时候可以说是在浪费生命。有时是在悲天悯人的怨声中度过，有时又在无所事事的消磨中度过。在不知不觉中，时间就从我们的身边悄悄地溜走了。等我们有所觉醒时，过去的时光已不能重现。因此，我们要珍惜的唯有今天。有多少的过去值得去回忆，还有多少的明天值得去等待，而真正能够抓住的唯有当下。

人生苦短，来到这个世间，我们要做的事情有很多很多，不管人生之路有多少风和雨，我们都不要停止前进的脚步。生活虽然不都是一帆风顺，但我们不能够意志消沉，只有不畏困难并勇于战胜困难的人才是生活中的强者。没有什么理由能够让我们不去珍惜生命，没有什么理由能够让我们不去体现人生的价值。我们只有在不断的努力与攀登中，才更能够体悟生活的真谛。人生没有过不去的河，也没有转不过的弯。要为自己找准前进的方向，这样，不管身处何地，也不管世事如何变迁，不曾改变的仍然是远处的理想和不灭的希望。在向目标前行的过程中，又有什么不可以战胜呢？只要战胜了自己，你就是生活中的强者。

自由、生命无不是每天的进行时，所有的一切都是要用时间来磨炼的。我们不懂的事情太多，但如果用一生去探索，终将会摸索出自己的一片天空，而我们的领悟是属于自己的，别人无法懂得，无法了解，更无法得到，因为我们从来都是在做自己，而不是为任何人活着。如果没有死亡，怎能凸显出生命的价值？如果没有黑夜，谁会期待白天的到来？死亡是生命必然的历程，是生命的一部分，每个生命的缺口都是灵魂的出口，就算生命走到尽头，回首自己，我们仍会豁然发现，如流星划过天际的刹那，即使只是刹那的交汇，却也是无比的灿烂。许多人在生命的最后时刻找到人生的意义，让自己的一生完满而无憾。

虽然生命如此短暂，但我们要把握好每一次机会，要用持之以恒的精神去拼搏，让自己在人生长河中去书写不朽的篇章。

又见花开

一个人能保持良好的心情和乐观的态度是多么重要，而保持良好的心情和乐观的态度的前提就是有一颗充满感恩的心。

花木管时令，鸟鸣报农时。晨烟漠漠，氤氲交织，春日迟迟，花香四溢。当残雪静静地消融在阳光下，瓦蓝的天空愈发清亮，南风轻送来温煦时，缓缓细流开始在小河里蜿蜒，一簇簇新绿悄然萌生在枯黄的草地上。风轻轻，水潺潺，春天就这样如约出现在我们的视野里。山坡上穿着一身金黄灿烂的盛装的迎春花就是春的使者，带着春的请柬来邀请我们去赴春的约会。鸟儿在枝头欢唱，用婉转清越的歌声召唤人们：把一冬天蕴藏的精神、力量全都释放出来吧！播种的季节已经来临，在温暖的阳光下，播下我们的希望，播下我们的梦想。

当冬季远去，温暖重新回到大地，花儿重新绽放枝头，我们为什么不能欢乐起来呢？打开窗，把春天迎进来，把心门打开，让柔柔的春风轻拂心底的每一个角落，吹开冰冻，抹去尘埃，让花的芬芳驻满我们的心房，忘记烦恼，放飞心情。生活岂能尽如人意？现实是残酷的，打击、挫折和艰难困苦是在所难免的，但是我们却可以拥有一颗追求美好生活的心。不管生活怎么沉重，我们都要珍爱生命，珍惜生活，满怀信心地迎接挑战。在生活一层又一层的浪潮中，我们深深懂得，一个人能保持良好的心情和乐观的态度是多么重要，而保持良好的心情和乐观的态度的前提就是有一颗充满感恩的心。无论是阳光和煦的春日，还是冰霜袭人的严冬，我们心田中那一棵感恩之花，该是永不凋谢的。拥有一颗感恩的心，我们才会生活得快乐从容。

天晴时，如果阳光正好，就感激它的温暖，感激它给我们带来了这么舒心惬意的爱抚；如果阳光炽热，就感激它的热烈，感激它使我们与酷暑斗争的酣畅淋漓；天阴着，如果不下雨，就感激它给我们带来的阴郁和压抑，感激这份低沉使我们深刻；如果下雨，就感激它给我们带来浪漫诗意；如果下大雨，就感激它为我们清洗了世界的尘埃。

我们感激贫穷，它使我们知道怎样节俭，使我们对一点点的富足就心满意足；感激艰难，它使我们懂得了生存的不易，懂得了如何找到克服它的勇气，懂得了去珍惜那些舒心欢畅的时光。

我们感恩每一滴水，它把我们滋养；感恩每一枝花，带给我们芳香；感恩每一朵白云，它编织我们的梦想；感恩每一缕阳光，它托起我们的希望。感恩父母，他们给予我们生命；感恩老师，他们教会我们成长；感恩帮助我们的人，他们使我们感受善良；感恩伤害我们的人，他们让我们学会坚强。

感恩的世界有我有你，感恩的世界和谐美丽。感激世界给予我们皎洁的明月、清新的凉风、盛开的百花、碧绿的草原、高峻的大山、清澈的小溪……对世界的一切我们都应该充满感激。因为感激，我们对这个世界不再有任何不满，我们开心又充实地过好每一天，善待生活，也善待自己，在顺境里享受快乐、享受人生，在逆境里学会坚强，学会思考人生。

不管人生走向何方，我们都要有一颗坚强的心，勇敢地去面对艰难与挫折，用笑脸去迎接坎坷的命运，用百倍的勇气去应付一切的不幸。就算失败，一样可以阳光灿烂地往前走，一样可以胸怀坦荡地俯仰天地。人生纵然风雨有时，但却没有久雨不晴的理由，每一个发霉的心情都可以晾晒出动人的微笑。

穿过历史的风尘，岁月镌刻了生命的厚重，时间为我们刻下生命的印痕，快乐的，得意的，悲伤的，痛苦的，哀愁的，失意的……让我们体验生命的斑斓色彩吧！又见花开，它曾经在人们的唏嘘声中纷纷扬扬地飘散，可是来年它又在人们的期盼中如约而来。让我们手握一种生命的温存，手握一种生命的声音，在这个花香四溢的季节，洗尽脸上的尘埃，还岁月蓝天白云一般的美丽洁白，抱着希望，带上坚强，用感恩的心去演绎生命的精彩！

欢乐与悲哀

悲哀和欢乐是可以相互转化的，如果你能从悲哀中走出来，那就会感受到欢乐；如果你只顾沉湎于欢乐之中，忘记前行，那就是人生的悲哀。

欢乐与悲哀是一对孪生兄弟，同时降生到人间；欢乐与悲哀又似一对难舍难分的恋人，如影随形，不离不弃。生活是悲伤、欢乐、苦辣酸甜交融在一起的混合体，有时让人心痛，有时让人无奈。

有悲哀的痛苦，我们才能感知欢乐的喜悦，因为有欢乐的幸福，我们才有悲哀的沮丧。忘情的欢乐会带来悲哀，悲哀过后又会有欢乐，往往欢乐背后隐藏着悲哀，悲哀里面潜藏着欢乐。悲哀对我们的内心冲击越大，我们以后获得的欢乐也就越多。经过艰苦卓绝的努力，经过坎坷磨难的洗礼，我们就会得到成功的喜悦和欢乐，但是，有时我们也会因为事情的结果和自己的期盼相差甚远而悲哀。

欢乐时我们会流泪，悲哀时也会闪过一丝笑，泪与笑都深刻在我们的内心，而心灵的跌宕起伏又构成了五彩缤纷的画卷，成为我们人生的财富。世界级音乐大师贝多芬，在音乐史上有着重要地位，他经历了常人所不能体会的磨难，所以才取得了常人所不能企及的成就。贝多芬的童年是悲惨的，生命的历程是坎坷的，正是在这种情况下，他谱写出了华彩的乐章。在创作那些名曲时，他几乎都是独自在小阁楼中谱写。内心的孤独，生命的苦楚，这些都成了他创作的来源，历经风雨沧桑，才得其所愿，这都是其他音乐人士所无法相比的。他在痛楚中挣扎，用生命进行创作，谱写着非同于凡人的命运，他的欢乐是用痛苦换来的，是经历磨难后，让人铭记于心、久传于后世的经典乐章。人生在世，不如意事经常有。人生可谓变幻无常，难免遇到坎坷，难免遭遇磨难，人生没有什么定数，任何事情都会发生，唯有坚强去面对。任何的软弱、悲伤、逃避、颓废都无济于事，因为无论发生什么，生活仍将继续，我们还要有尊严地活下去，更重要的是，我们肩负着许多无法逃避，也不可抛却的责任。因此，我们必须将痛苦打包，让欢乐释放，让人生的每一个阶段都活得理性，活得精彩，活得从容，活得无怨无悔。

其实，悲哀和欢乐是可以相互转化的，如果你能从悲哀中走出来，那就会感受到欢乐；如果你只顾沉湎于欢乐之中，忘记前行，那就是人生的悲哀。

人生也无须悲哀，再大的风雨都是上苍对我们的眷顾，以此来锻炼我们的坚强和忍耐力，所以，我们要用欢乐带来欢乐，用悲伤化去悲伤，当我们从悲哀中走出来的时候，才会得到更大的收获。

让我们尽情地享受欢乐和悲哀吧，因为每一次的跌宕起伏都是对我们内心的考验，而心如止水、淡定从容时才能有所感知，才能从中获得心灵的感悟。在这个过程中，我们享受到其中的乐趣，感受到人生的无常，它们让我们的内心在这繁杂的人生之路上获得了升华和解脱。

苦难的芬芳

有勇气换个角度，我们就多一份成功的机会。换一个角度来看人生，人生就会有不同的景致。

如果我们把苦难视为苦难，那它就真的是苦难了。但是我们如果把它和我们精神世界里最广阔的那片土地相结合，它就成为一种宝贵的营养，滋润我们的心田，会让我们在苦难中如凤凰涅槃，思想上得到升华，会体会到一种特别的甘甜和美好。

如果把坎坷看成一种调味品，你就会感到坎坷的生活也有别样的滋味，它同样会增添我们的阅历，丰富我们的人生底蕴。只要换一个角度，再悲惨的生活也会峰回路转，再痛苦的人生也会柳暗花明。

有勇气换个角度，我们就多一份成功的机会。换一个角度来看风景，风景便会有不一样的风采；换一个角度来看人生，人生就会有不同的景致。只要把角度轻轻扭转，心胸就会豁然开朗，迷茫的事态会变得清晰，灰暗的世界会变得明亮。

有怎样的心灵，就有怎样的世界；有怎样的心灵，就有怎样的人生。心布阴霾，命运将是黯淡的；胸藏阳光，生活将是明媚而美好的。我们可以用豁达、宽阔的胸怀来转化苦难的流向，让苦难芬芳，让苦难醉透，让每一次苦难都成为一眼智慧的清泉，让每一场沧桑都成为生活中的美丽彩虹，让每一道沟坎都变成生命里缤纷的花瓣。

感受孤独

在你的内心世界里，如果清净无染，对任何人没有怨也没有恨，那么，你就不会被他人所伤，也不会伤害他人。

孤独对一般人来说是烦恼，是痛苦，是煎熬。如果我们没人爱，没人陪，便会感到孤独，由此便会产生烦恼和痛苦。殊不知自己才是这个世界的主宰。如果明白这一切，你就不再感到孤独，也就不再感到痛苦和烦恼。

孤独是一种美，是一种境界，是一种自在，在你的内心世界里，如果清净无染，对任何人没有怨也没有恨，那么，你就不会被他人所伤，也不会伤害他人。谈到伤害，实际上谁也伤害不了谁，只能是自己伤害自己，是自己烦恼所致，是自己无知所致，是自己心胸狭窄所致。天上的明月充满了诗情画意，它的确很美，也的确很孤独，自古以来，有谁做伴，有谁相陪，也没有见它向谁哭诉过，对谁抱怨过，独自悠悠，依然自在。即便有高处不胜寒之感，但那也是一种美，一种境界。它的自在是每个人都向往的。

我们生活在这个世界上，不应该期望他人给予自己什么帮助，期望越高失望也就越大，要求他人不如要求自己，要求他人，你不会得到什么，得到的只是烦恼和痛苦。所以，我们要学会享受孤独，享受人生，开心每一天，快乐每一天。你开心，你快乐，你的脸上就会充满微笑，以微笑示人，别人也会分享你的快乐。

回到原点

即使我们做不到每一刻都保持一种原点的状态，我们至少要学会在每一天的开始，让自己的心灵回到原点，用一种从零开始的心态迎接每一天的曙光。

光阴漫漫，岁月匆匆，繁华历历，烟波流转，眼见得林花谢了春红。命运不会给我们任何承诺，只给我们一次生命，并且是一条单行道，有很多事情难以预料，更无法预知，就像“摸着石头过河”。我们只希望这一回人生，不要失去生命的本色。人生就是一场旅行，看春天花开，看秋霜满地，经人生沉浮，历恩怨纠葛，不要怨恨命运欺骗了谁，从古到今，人人皆同。

我们应该感到欣慰，因为得到快乐的条件其实每个人都具备，与财富无关，与地位无关，与名声无关。但是，同样让我们担忧的是，阻碍快乐的是每个人内心的烦恼，它们同样与财富无关，与地位无关，与名声无关。我们总是将自己烦恼的原因牵强地归结为诸多的外在因素，于是滋生出众多的牢骚、埋怨、愤怒甚至仇恨。一个又一个不健康的念头相互衔接、蔓延，最终形成了我们的烦恼。我们应该诚实地面对自己内心的矛盾和污点，不要欺骗自己。当然，敢于面对自己的缺点，需要极大的勇气。

我们做某件事，若要找做事的理由，总会振振有词，比如挣钱，我们总以为今天的打拼是为了明天的快乐。可是，快乐不在路的终点，它就在我们走着的路上。所以，理由有时只是一个错误的借口，它让澄清变模糊，简单成复杂，让我们本来轻快的心慢慢变得疲惫和麻木。还原事物的本质，就是在还原我们自己。

心的真实状态是一种宁静，一种祥和，一种纯净，一种透彻，它像一潭平静而澄清的湖水，我们经历的一件又一件事情就像吹拂过水面的一阵又一阵的风，时而是微风徐徐，时而是疾风骤雨，但是，我们总是执着于转眼成云烟的风，本来湖面只是偶尔地荡起涟漪然后回归平静，可是我们常常是随着涟漪一圈又一圈地漾到越来越远的地方去，我们迷失在那虚无的涟漪里。

匆匆忙忙的脚步，掩盖了我们对生活的那份热爱，有时候，一点点疲劳就让我们对命运产生怀疑，其实，命运背后还有宁静、坦然、快乐、参与、分享，命运是从古代到未来的一条生命线。回到原点，是一种心态；回到原点，是一份从容；回到原点，是一个新的起点。每一天都是一个新的开始，都是一个新的起点，即使我们做不到每一刻都保持一种原点的状态，我们至少要学会在每一天的开始，让自己的心灵回到原点，用一种从零开始的心态迎接每一天的曙光。

天地悠悠，过客匆匆。恩恩怨怨，聚散无常。人生有时候风雨难测、悲欢罗列，往日的情仇犹如波光粼粼的湖水，难以分辨虚幻近远，如是人生旅途，我们不妨把那些闪光的记忆珍藏在心底，把那些灰暗的心事轻轻抛洒在风中。昨天的烦恼忧愁，昨天的爱恨纠缠，昨天的成败得失在太阳落山前就可以化解，不要把烦恼带进梦乡，更不要用烦恼去迎接朝阳，给自己一个鼓励：回到原点，用最纯净的笑脸去迎接每一天新的起点。只要拥有健康的生命，拥有当下的坐标，拥有爱的力量，每一个明天，每一个梦想，都将从这个原点出发。

忘记忧伤

欢乐与悲伤并存于我们的生命中，如果你放弃欢乐，那么你的一生注定悲哀，如果你和朋友分享欢乐，那么你的悲哀将无影无踪。

岁月是一杯清酒，静静地品酌，你会发现，在它的眼中，没有化不开的思念，没有解不开的情愁，没有冲不淡的眷恋，没有抹不去的烦忧。

生活中，我们有时总会因这样那样的原因而忧伤。为某个人的离去而忧伤，为钱财的流失而忧伤，为事情做得不完美而忧伤，为别人忽视自己而忧伤。其实不必忧伤，也不值得忧伤。离开，也许只是为了下个路口更好地重逢，财富失去了还会再有，事情做得不完美但只要努力了就不后悔，忘掉忧伤是对自己生命的尊重，忘不掉忧伤就是一种肤浅和愚蠢。

当生活的美好画面、幸福旋律突然石沉大海，我们便会跌入悲伤的沼泽，开始慌张，开始不知所措，心花就悄悄枯萎了。其实那些所谓的伤痛不过是暂时的，它只是一缕轻烟，静静地栖息在心灵之隅，倘若不再触碰它们，它们就会在岁月中蒙尘，随风飘散。该忘记的，不妨就轻轻释怀吧。

每颗心都不是监狱，却都想关住忧伤，趁着我们还未老去，还是把它们都释放了吧！欢乐与悲伤并存于我们的生命中，如果你放弃欢乐，那么你的一生注定悲哀，如果你和朋友分享欢乐，那么你的悲哀将无影无踪。

不一样的“一无所有”

因为追求善良，于是在给予中得到心灵的快乐；因为追求包容，于是在宽容中得到情感的解脱；因为追求从容，于是在坦然中得到身心的自在。

佛教常说的四大皆空，就是一无所有，但这不是世间的一无所有。修行人追求的空，是为了放下那些“有”，修行人需要放下的“有”，是有成见、烦恼、嗔恨、执着；世俗人追求的有，是名利、地位、感情、所谓的经验。在世俗人的观念中，他们认为经历过人生道路、爱恨情仇，认为享受到了感情生活，拥有一定的地位，拥有相当的财富，这就可以被称为成功人士。

名利、地位、感情、经验，构成了社会上的成功人士，如果为了维护拥有的一切名利、地位、感情、经验，死死地执着于那些得与失，那么，人生旅途的包袱将越来越多，越来越沉重，我们终究会把宝贵的生命白白地浪费在爱恨情仇、荣辱沉浮之中。

世间人恐惧自己一无所有，他们的一无所有，是没有累累的财富，没有煌煌的地位，没有美好的感情，没有显赫的声名，总而言之，不外乎名与利的追逐。但是，岁月无情，富贵难长久，恩爱难到头。而修行人追求的一无所有，是消灭烦恼，消灭成见，消灭嗔恨。修行人的世界里只有一个敌人，那就是自己内心的种种烦恼；修行人也有追求，他们追求的是善良，是思想，是宽容，是祝福；修行人只有一个毕生追求的目标，那就是认识自己、降伏自己、改变自己。所以修行人的一无所有，看上去是一无所有，但这恰恰是真正的富有。一个真正的修行人，因为追求善良，于是在给予中得到心灵的快乐；因为追求包容，于是在宽容中得到情感的解脱；因为追求从容，于是在坦然中得到身心的自在。

这个世界既不是有钱人的世界，也不是有权人的世界，它是有心人的世界。真正的幸福在我们每个人的内心里，在我们行走的路上，追不来，求不到。

通过报纸、电视、网络，我们可以得到世界任何角落的信息，我们积极忙碌地关注股市，关注房市，关注菜市，关注国内形势，关注国外形势，但是，很少去关注我们的内心。我们买张机票就能飞到任何地方欣赏风景，我们游千山，赏万水，但是永远不去欣赏自己内心的万千风景。忽略了内心的我们早已忘记了自己的存在，却永远在说为自己而打拼。

岁月是最好的导师，它把每个人的内心导向消沉、苍老或者淡定。不一样的追求成就的是不一样的人生，当我们站在岁月的尽头缓缓望去，我们有限的生命里，留下了怎样的印记？我们为名、为利、为情感而身心疲惫，生命就在这种无谓的消磨中渐渐消失，我们用尽毕生的时间追求“有”，结果无论是哪样，都渐渐地随着时间的逝去而失去，只留下一无所有。

生命犹如一片绿叶，随着时间的流逝，慢慢开始枯黄，但它的叶脉还是那么清晰可见。修行人用一生时光在学习中充实自己，在生活的坎坷中磨炼自己，在岁月的沉浮中，他们把自己的生命打磨得如和田美玉般剔透细腻，厚重温润，轻叩一声，清悦绵长，徐徐方尽。这种一无所有的追求，最后却成就了一番精彩的别样人生。

平安是一种财富

岁月如水般逝去，当我们走到了人生的暮年时，回首来时路，会发现平安是这一生最大的财富，快乐是这一生最大的收获。

生活是什么？生活的内涵博奥深邃，外延宽泛无边，人们很难给它一个确切的定义，也很难用文字的形式给它一个准确的诠释。细细品咂和琢磨，或许只能用深深浅浅的脚印去表达，用虔诚的心灵去参悟。对生活的理解，常常是仁者见仁，智者见智，从来都不会是千篇一律。

勤奋者说，生活是树上悬挂的累累硕果；懒惰者说，生活是秋天枯黄的落叶；进取者说，生活是一座取之不竭的金山；保守者说，生活是一眼临近干涸的山泉；得意者说，生活是一束鲜花、一杯美酒；失意者说，生活是一簇荆棘、一丛杂草；乐观者说，生活是一曲悠扬的小调；悲观者说，生活是那冬日里瑟缩的枝条。

男人襟怀坦荡，胸纳山川河流，认为生活就是豪情万丈、天马行空；女人柔情似水，满眼的浪漫迷离，认为生活就是清风徐徐、杨柳依依；少年稚嫩天真，满怀憧憬和向往，认为生活如寓言般美丽、童话般神奇；青年人热血沸腾，激情奔放，认为生活就是洒落一地的灿烂阳光；老年人风雨沧桑，饱经世态炎凉，认为生活就是一部耐读、厚重的书，每一行都浸润着深沉的思索，每一页都闪烁着智慧的灵光。

无论生活是什么模样，是平平淡淡的，像溪水一样静静流淌，还是轰轰烈烈的，像大海一样波涌浪叠，或者平凡得像一株无名的野花，或者有过牡丹一样的明媚灿烂。无论是平庸的一生，还是辉煌的一生，只要我们最终走到了人生的耄耋之年，我们就应该庆幸，因为毕竟我们这一生平安度过了。因为平安，才拥有了近百年的岁月，因为拥有了这近百年的岁月，才拥有了精彩的一生。

平安是生活给我们最美丽的笑脸，平安是朋友给我们最温暖的祝愿，平安是家人最亲切的牵挂。平安就像阳光，我们需要它的护佑；平安就像空气，我们依赖它而生存；平安就像水，我们需要它的滋润。

平安是一种平凡，却不是平庸，平凡的人也有自己的个性与自尊，有不平凡的、催人泪下的故事。母亲最平凡也最伟大，她把全部的爱无私奉献给了儿女和家庭；劳动者最平凡，但正是他们铸造了万里长城的辉煌，谱写了人类几千年的文明诗篇。平安是一种质朴纯美的意境，是生活的真实，是生命的真谛。

有了平安才会有笑语常在，有了平安才会有家庭的幸福美满，有了平安才会有企业的兴旺发达，有了平安才会有国家的繁荣昌盛。平安就如一根七彩的丝线，把这些美好的愿望一一地连接起来，构成一幅祥和、美好的图画。

我们这一生不必苦苦追求能否平步青云、名利双收，能否金榜题名、名满天下，因为这些未必会给我们带来快乐。如果有钱却没有一个好胃口，日日山珍海味，也还是吃不出香甜可口；没钱却身体健壮，五谷杂粮也能吃得津津有味。即使住进帝王式的庄园，享受豪华装修，睡在华贵舒适的大床上，如果患有失眠症，睁着眼睛等到天亮，滋味也不好受；心中无事，硬板床上也能香香甜甜地一觉睡到天亮。

我们每天迎来第一缕曙光，又送走最后一道夕阳的霞光，当我们在烟花中迎来了新的一年，又在鞭炮声中送走旧的一岁，生活平淡却也平安，正是有了每日的平安，才有了日日的新生活，有了每岁的平安，才有了岁岁的收获。

一日复一日，一年复一年，我们怀着不急不躁的心境，干着不大不小的事情，过着不咸不淡的日子，喝喝清茶、下下棋，晒晒太阳、聊聊天，看云卷云舒、日出日落，平平淡淡而来，安安详详而去，寻常的日子虽无波无澜、无惊无险，却也有滋有味。岁月如水般逝去，当我们走到了人生的暮年时，回首来时路，会发现平安是这一生最大的财富，快乐是这一生最大的收获。

幸福零距离

幸福并不是一种刻意的追求，而是一种淡然，一种知足，一种个人的感觉。

幸福是生命的一种香味，是一颗歌唱的心的和声，所以人人对幸福都有祈求和期盼，但香味是不会持久的，所以幸福会散去。世界上没有绝对的幸福，也没有永恒的幸福，它是一种感觉，需要去感知，需要去珍惜。

每个人都在追求着自己的幸福，每个人的幸福也不一样。幸福，不一定是宏图伟业，不一定是锦衣玉食，甚至不是完美无缺。满面汗水的农民的幸福，在于饱满的谷穗；苦心孤诣的文人的幸福，在于精粹的文字；思乡游子的幸福，在于久别重逢的团聚；耄耋老人的幸福，在于子孙绕膝的天伦之乐……

谁都有过幸福的经历，可是不知不觉中，我们忘记了幸福就在心中，却为了拥有幸福的条件而四处奔忙。与此同时，我们忘记了把握现在的幸福。

从前有一位哲学家，他见一个渔夫在海滩上晒太阳，便奇怪地问："你怎么不去捕鱼？"

渔夫说："我已经回来了。"哲学家说："为什么不多捕一船？"

渔夫说："我们吃喝够用了。"哲学家说："多捕鱼可以多存钱呀。"渔夫摇头道："存钱干什么？"

哲学家算道："如果你每天多捕一船鱼，十五年后就会买很多船。"

渔夫懒洋洋地说："那又怎么样？"

哲学家认真地说："那时，你就可以安安稳稳地躺在海边晒太阳了。"

渔夫说："我现在已经安安稳稳地躺在海边晒太阳了。"幸福并不是一种刻意的追求，而是一种淡然，一种知足，一种个人的感觉。生活中，我们往往会为了获得自己想象中的东西而拼命去追求、去寻找，可当我们绕了一个圈子之后才发现，其实我们真正需要的东西就在我们身边，它就是那些平时被我们所忽视的东西。幸福与否不能靠金钱的多少来计算，也不能靠事业的成功与否来衡量。一位百万富翁的幸福未必就比一位生活简单的渔夫的幸福多，而一位功成名就的企业家的幸福也不一定就多过一位普普通通的小市民，幸福的笑容从没因身份的卑贱失去它明媚的光芒。

通往幸福的那扇门其实一直是虚掩的，内心充满爱的人，轻轻推一下，就会打开那扇通往幸福的门。百般挑剔，力求完美，实际上却与幸福背道而驰，因为幸福需要宽容，需要理解，需要真诚，需要付出。幸福不是来自于自私而是来自于无私，让自己幸福的第一秘诀是让别人幸福。

生命最美的音乐是慈悲，当我们用真心去关心、爱护他人时，我们自己也会获得一种幸福的感觉，这种感觉像一缕花香，当花开放在心灵深处，只需微风轻轻吹动，便能散发出悠远、醉人的芳香。带点傻气，带点憨态，带点厚道，这样的人即使不去刻意追求幸福，也总会在不经意间与幸福撞个满怀；太过精明，眼中不揉沙子，事事较真，把什么都看得那么明白的人，即使努力去追求幸福，幸福也常常会与他擦肩而过。

真正的幸福其实不是让我们刻意去剔除对方身上那一点点微不足道的瑕疵，而是要我们把握好自己手里的那一颗实实在在的珍珠，学会包容与珍惜。然后，才能在彼此心灵的和弦中感受到真正的幸福。有时候，我们拥有一些东西时不觉得幸福，失去后才发现原来自己曾经一直被幸福包围着。幸福永远不会光顾那些不懂得珍惜的人，如果不懂得珍惜，幸福会在我们的指尖不经意地滑落。

幸福在哪里？众里寻他千百度，蓦然回首，原来幸福就在我们的身边。拥有幸福的人一定要有一双善于发现美的眼睛和一颗懂得珍惜的心！总有一种幸福属于我们，或许就在身旁，或许在某个角落。如果我们还在为那一份不属于自己的幸福而流泪，那么忘记它吧，那一份属于你的幸福正在某一个角落静静地等待着你，懂得感受幸福的人比追求幸福的人要幸福得多！

幸福其实从未离开过我们的生活，它就在我们的生活中，在你我的身边，默默为我们守护那份宁静与安宁。幸福需要我们静心地去品味，用心领悟幸福的真谛，其实，离幸福最近的就是我们自己，幸福就在你我身边，幸福从这里开始蔓延……

幸福的底线

事情都有两面性，你越想得到幸福，它可能离你越远。当我们顺其自然，保持一种良好的心态时，幸福就会常伴我们左右。幸福的底线其实就是不贪婪。

人们经常在思考着幸福，谈论着幸福，追求着幸福。然而，究竟什么是幸福呢？幸福又在哪里呢？

有人说幸福是财富，可财富只是幸福的保障，却不是幸福本身。一味地追求财富或者向钱看，而不关心自己的内心，忘却“头顶灿烂的星空和内心崇高的道德律令”，无疑是舍本逐末之举。拥有健康，保持精神的高贵和心灵的丰盈，才能真正走进幸福的境界。

幸福是什么？在不同的年代，不同的历史时期，人们的幸福观也不一样。对于不同地域、不同职业的人来说，他们对幸福的看法并不相同。甚至同一个人在处于不同的境界或者在不同情绪的支配下，对幸福的理解也会有所不同。

在战争的年代里，幸福是和平；在和平的年代里，幸福是快乐；在饥荒的年代里，幸福是温饱；在温饱的年代里，幸福是富饶；在小孩的眼里，幸福是长大；在大人眼里，幸福是童年时的无忧无虑；在成功人士的眼里，幸福是把自己的财富捐献给国家和人民时的成就感；在流浪者的眼里，幸福是有一个温暖的家；在有家的人眼里，幸福是全家人的和睦相处；在病人眼里，幸福是健康；在健康人眼里，幸福往往又会各不相同。

滚滚红尘之中，人们忙忙碌碌，行色匆匆，为的是什么呢？说到底，他们都在追求着各自心中的幸福。那么，幸福到底在哪里呢？

幸福的定义虽多种多样，各不相同，然而，开启幸福之门的钥匙却只有一把，而且这把钥匙就掌握在我们自己的手里。为理想而拼搏，用辛勤和智慧才能打开这扇幸福之门。

幸福其实很简单，累了有张沙发歇歇，饿了有一顿饱饭吃，渴了有杯白开水喝，冷了有床暖被盖，伤心时有个肩膀依靠……幸福总是在平淡中涌现，这样的平淡生活其实很丰富，很温暖，很幸福。

幸福像一阵风，就在我们身边，就看我们有没有感觉到。很多人还来不及感觉，刚才的风就吹过了。有一些人感觉到了，所以怀着感恩的心来走这人生之路，看到别人幸福，他也会从心底里笑，因此，懂生活的人才能感受到这样的幸福。

当然，人人都希望幸福能持续到永远。然而，事情都有两面性，你越想得到幸福，它可能离你越远。当我们顺其自然，保持一种良好的心态时，幸福就会常伴我们左右，在我们身边停留的时间长一些。其实，幸福就是知足常乐。知足常乐，有爱相伴，就是幸福。

幸福是当早晨醒来，发现美好的一天开始了；幸福是当我们走在回家的路上，想起某个朋友或同事讲的笑话，一路笑到家；幸福是当我们晚上觉得孤单的时候，可以找个朋友倾诉。其实，幸福的人时时都能感到有人在左右陪伴，从不孤独。心中有爱，思想充盈，不会孤单，这就是幸福。

幸福的底线其实就是不贪婪，我们不必去做那些无意义的假设，也不必去奢求那些不切实际的幻想。常常心存感激，感激那些带给我们快乐的人，哪怕那种快乐只有一丁点，只是极短暂的一瞬。想要很多很多幸福的时候，我们往往因为贪婪而得不到幸福。当我们不那么贪得无厌的时候，幸福就是一个天使，他会时常陪伴我们的左右，甚至陪伴我们一生。如果给幸福画一道浅浅的底线，那就是拥有健康的身体和心理。

幸福其实很简单，它来源于生活的点滴，只要我们用心去感受它，它就会出现在我们生命的每段历程中，伴我们一生，直到永远。

幸福的坐标

常怀着一颗感恩的心去对待身边的每个人，磊落行事，无愧于心，幸福和快乐自会常伴在你的身边。

记得有句名言这样说：幸福的家庭都是相似的，不幸的家庭却各有各的不幸。或许有一定的道理，但也不尽然。更何况有些看似幸福的家庭，在华丽的外表下，可能有着不为人知的心酸。表面和睦的家庭很多，但真正幸福的又有几个呢?

幸福不是攀比。喜欢攀比的人永远都不会幸福。因为人比人得死，货比货得扔。只看见别人比自己幸福的人，只会失落和不满，不会感到幸福。反之，和不如自己的人比较，或许更容易获得优越感，可是那样我们就感觉幸福了吗?未必。何况还有阿Q精神胜利法的幽灵在忽隐忽现。

幸福是精神上的一种极大的满足。当你期盼已久的愿望得以实现的时候，你会感到幸福。幸福也是满意的一种表现，对现状，对家庭，对工作，对自己周围的一切都感到满意。不满现实的人，是绝对谈不上幸福的。

幸福看不见，摸不着。看似无处不在，却又难以抓住。或许抓住了，但一不小心，又会悄悄地从你的指缝间溜走。就像你的手心抓着把沙子，攥得越紧，流失得越快。或许越在乎的东西，越容易失去吧！这说明了一个道理：当我们张开双手时，眼前的世界是那么的真实，整个世界就在自己的掌心，当我们握紧双手时，手心里却是空空如也。也难怪人们常说：怕什么，来什么。或许，人的心灵真能和宇宙间有感应，而这种感应往往是反的。你想要的东西往往得不到，你害怕的东西有时会忽然降临。既然如此，我们还是坦然面对的好，不妨从从容容地迎接每个日出日落，坦坦然然去面对每个花开花落的季节更替。

幸福也因人而异，每个人心中的幸福都是不尽相同的。对爱慕虚荣的人来说，有钱的人，有权的人，是幸福的，也是让他们羡慕的。有些人为了得到金钱和权势，甚至可以牺牲一切，等到了他们真的得到时，又有了新的欲望，幸福感稍纵即逝；对淡泊名利的人来说，粗茶淡饭的生活也是幸福的，只要内心平和充实，情有所依，爱有所托就好。他们重视精神世界更甚于物质，所以，他们的幸福更长久。

幸福也是阶段性的。当你牺牲了很多东西，费尽艰辛，好不容易把想要的东西弄到手后，或许你会后悔。你千辛万苦一直往山顶攀登，沿途的美景从来没来得及欣赏，错过了红了的枫叶，错过了美丽的云海，到了山顶，却发现，只是光秃秃的一片，空留个高处不胜寒。闪光的未必都是金子，可人们却常常会迷醉于表面。而此时，上山容易下山难。有些东西，失去了就再也找不回来。其实，追求的过程才是最美好的，却往往被人们忽略。

那么，幸福是什么呢？说了这么多，幸福其实很简单。幸福就是沙漠中跋涉的人们发现了绿洲；是旅途疲惫的人看到了家门；是远游的丈夫归来后看见妻子倚门守候，翘首以待；是爱人递过来的一杯热茶，或者端过来的一盆热乎乎的洗脚水；是突然懂事了的儿子给辛劳的父母捶背；是操劳了一辈子的父母看见儿孙绕膝，热闹团圆；是辛勤耕耘的园丁看见自己的学生学业有成，桃李满天下时的欣慰；是辛苦训练的运动员拿到了奥运金牌，站在领奖台上，看着国旗冉冉升起时流出的眼泪……

享受幸福是需要学习的，你要有一颗懂得知足的平常心，还要善于发现生活中每一个动人的时刻，把它珍藏在记忆里。宁静所以致远，知足才能常乐。常怀着一颗感恩的心去对待身边的每个人，磊落行事，无愧于心，幸福和快乐自会常伴在你的身边。生活是一面镜子，你对它笑，它也对你笑；你对它哭，它也对你哭。世界是同一个世界，可在心情不同的人眼里，看到的世界完全不同。

不曾迟来的美好

生活中，美好无处不在，而细微处的美好最是扣人心弦，只要稍许留意，美好就在身边，温情触手可及。

美好，多么令人着迷的字眼，滚滚红尘中，我们使出浑身解数苦苦追逐着。一路上跌跌撞撞，磕磕碰碰，当我们与美好把酒言欢，心里却埋怨她姗姗来迟时，她回眸一笑说道："没有迟来的美好，只有迟来的人们。"

美好慈悲地簇拥着每个人，然而，我们总是被自己的烦恼遮住了眼睛，看不到正拥抱着我们的美好，感受不到那时刻环绕在我们身旁的美好。

幸福时，太阳与你共同欢畅；迷茫时，皎洁的月儿与你相伴；痛苦时，明亮的星光为你照亮前行的路；纠结时，和风微微，替你扫尘；喧闹时，虫鸣与你一起低吟；快乐时，美丽的花儿为你祝福；战争时，大地与你共生；和平时，蓝天静静地与你意动神飞。天下相亲与相爱，大自然极力在向我们彰显她的美好，生活中，美好无处不在，而细微处的美好最是扣人心弦，只要稍许留意，美好就在身边，温情触手可及。美好从来都不曾迟到，是我们自己迟迟不肯与美好拥抱。

不经意的幸福

幸福需要用眼睛去看，更需要用心去体会，去发现。

岁月不停地流转，时光悄悄滑过，幸福有时会在不经意间闪烁。这瞬间的幸福看起来短暂，实则长久，因为它会在心中定格，一直温暖心头。它也给我们发现幸福、把握幸福提供了方向。

每天，太阳都重复着东升西落，街头依然是喧闹与寂静相互交替，道路的拥挤与空荡也是日日变换。人们习惯了这种反复叠加的快节奏生活，压力大得让人渐渐忘记了生活中那不经意间就能触到的幸福。

人们常常四处茫然地寻找幸福，把不经意间的幸福看成是遥不可及的奢望，却不知幸福就在身边。我们总是为自己没有美丽的容貌、过人的天资、丰裕的财富和一帆风顺的运气而慨叹，感叹人生是如此艰难不幸。其实，人生完全可以如此简单，你可以脚踏实地地生活，你有勤劳的双手，可以创造财富，你有执着的信念，可以让自己努力前行。要相信上帝永远是公平的，他让你经历不幸和磨难，只是为了赠送给你不经意的幸福，让你体会幸福的甜蜜。而面对太多的不如意，我们无须怨天尤人，只要坦然面对成败得失，在恬淡与平静中学会知足，就会珍惜所拥有的一切，不再会认为磨难是磨难了。当你的心宁静如水时，你会认为磨难也是一种幸福。

幸福是一种感觉，一种由心底洋溢出来的喜悦，不刻意寻找就能捕捉到。有时，当你刻意地把它紧紧握在手心，它却像细沙一样，无情地从指缝间流失；攥到累了，将手放开，不再关心手心里的东西是否流走时，你获得的是一种轻松和自在，在不经意间，幸福就会洋溢在心间。

一句贴心的话语，一个会心的微笑，一个美丽的瞬间……就算你不承认，但那的的确确就是幸福。而且只要你觉得自己幸福，那你就是幸福的。大象因为自己有长鼻子、胖身体而幸福；兔子因为自己有短尾巴和长耳朵而幸福；蚂蚁因为自己坚持不懈而幸福；蜜蜂因为自己勤劳而幸福……

不经意的幸福就像突然穿透乌云的阳光，带着炫目的光泽；也像一株飘香的植物，恬淡而不做作，全无香浓的刻意。就算有时候你觉得与幸福失之交臂，其实那个瞬间你也可以体会到幸福的弥足珍贵。

幸福从不曾跑远，千万不要因为眼前的烦恼而忽略了生活中幸福的存在。幸福需要用眼睛去看，更需要用心去体会，去发现。只要用心，幸福无处不在。

向桃花道声感谢

怀着一颗感恩的心，勇敢地面对生活的坎坷和崎岖，坚定地向着未知的远方前行，幸福和快乐便会紧紧地跟随我们。

阳春三月，桃花吐妍，颜如云霞，暗香浮动，春意朦胧。置身在热情似火的桃花海洋，不由得让你赞叹，这红红火火地涌动着生命的桃花，会让你有一种渴望，一种冲动，一种激情，想要和散发着春天气息的桃花零距离接触。

桃花春风，花开花谢，年年如是。它用自己的方式诉说着自然的法则，为我们诉说着生命的智慧。我们既然也拥有生命的花朵，不妨就让它绚烂地绽放。努力地延长自己的美丽，尽情地舒展自己的生命吧！仿若一朵花蕊，终究会在岁月的沧桑中在最灿烂的季节盛开最美丽的自己。

用感恩的心去面对生活吧，感谢命运赐予我们的一切幸与不幸，感谢世界赐予我们的一切美与不美。无论生命是绚烂还是平淡，我们都应该感谢生命，不仅要向命运道声感谢，还应向过去、向痛苦、向悲伤、向春天、向桃花道声感谢。

怀着一颗感恩的心，勇敢地面对生活的坎坷和崎岖，坚定地向着未知的远方前行，幸福和快乐便会紧紧地跟随我们。不管光阴弥散了多少芬芳，不管岁月留下多少哀叹，我们都会洗掉疲惫，挺直坚强的脊梁。不管流年怎样辗转，不管四季怎样变换，我们都会用华美的转身舞尽沧桑，无愧于眼前美好的时光。